彩图1　萨福克和滩羊杂交一代

彩图2　马头山羊（公）

彩图3　成都麻羊

彩图4　板角山羊

彩图5　宜昌白山羊

彩图6　内蒙古绒山羊

彩图7　中卫山羊

彩图8　济宁青山羊

彩图 9　雷州山羊

彩图 10　南江黄羊

彩图 11　关中奶山羊

彩图 12　崂山奶山羊

彩图 13　波尔山羊

彩图 14　萨能奶山羊

彩图 15　吐根堡奶山羊

彩图 16　努比亚奶山羊

彩图 17　安哥拉山羊

彩图 18　滩羊

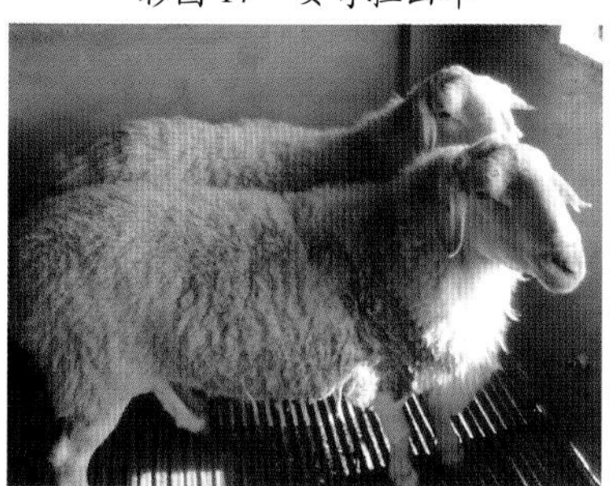

彩图 19　湖羊

彩图 20　中国美利奴羊

彩图 21　新疆细毛羊

彩图 22　东北细毛羊

彩图 23　羊本交

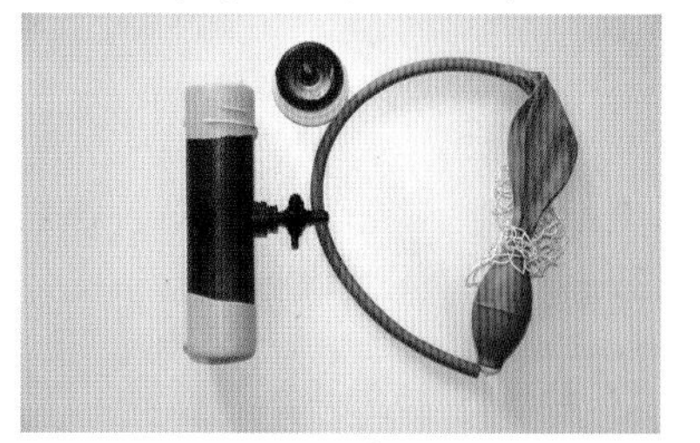

彩图 24　羊假阴道

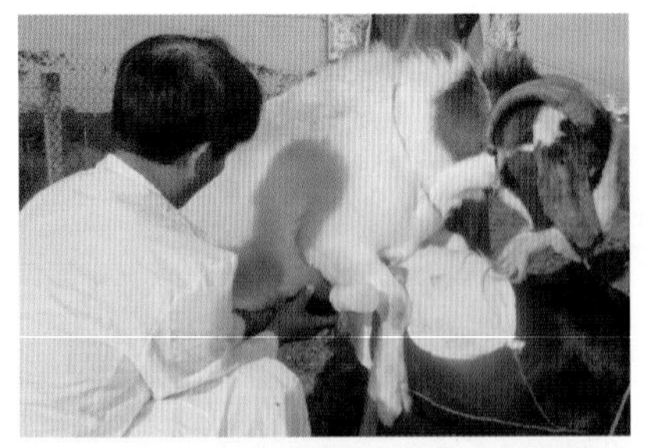
彩图 25　人工采精一

彩图 26　人工采精二

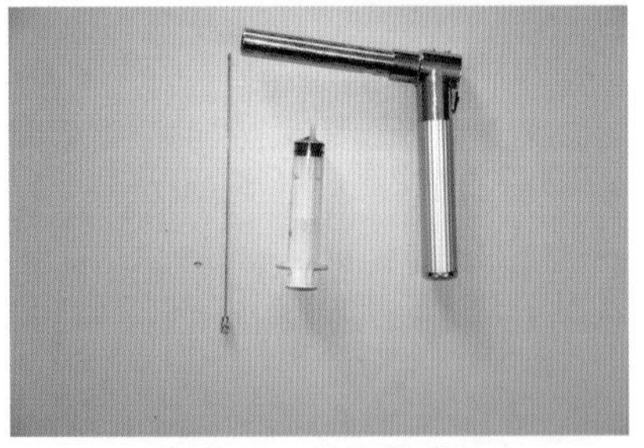
彩图 27　羊输精器具

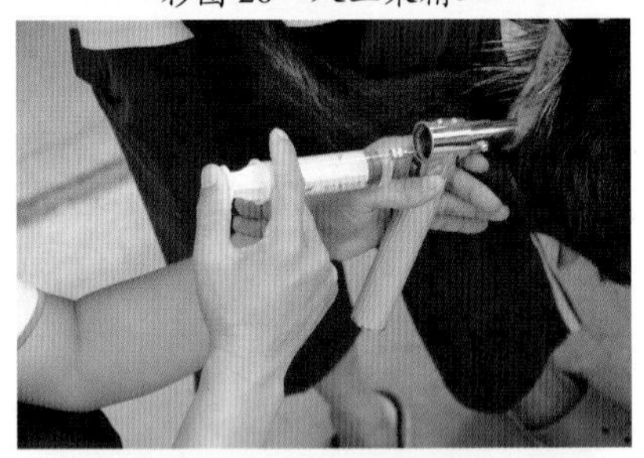
彩图 28　人工输精

彩图 29　萨福克羊

彩图 30　圈养湖羊

彩图 31　羊场全貌

彩图 32　放牧羊

彩图 33　农户简易羊舍

彩图 34　简易羊舍

彩图 35　羊舍

彩图 36　漏缝地板羊圈一

彩图 37　漏缝地板羊圈二

彩图 38　双列式羊舍

彩图 39　运动场和围栏

彩图 40　水槽

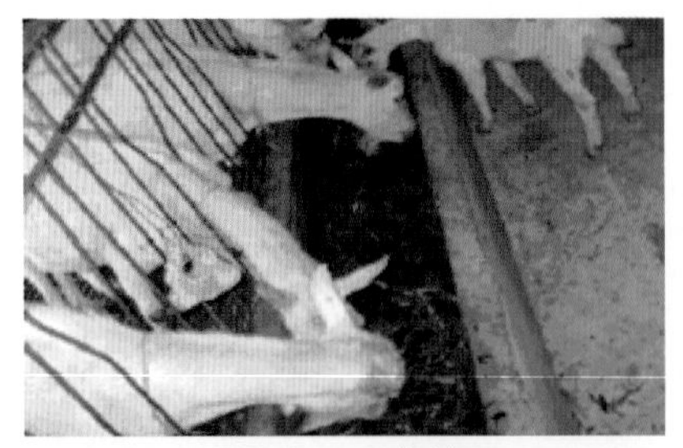
彩图 41　食槽

彩图 42　长方形羊舍

彩图 43　放牧饲养羊舍

彩图 44　分娩羊舍

彩图 45　舍饲山羊分娩舍

彩图 46　楼式羊舍一

彩图 47　楼式羊舍二

彩图 48　塑料大棚羊舍

高效养羊

主　编　熊家军　肖　峰
副主编　杨菲菲　江喜春　陶利文
参　编　丁　伟　李志华　李顺才

本书结合我国养羊生产的条件和特点，首先对我国养羊业进行了概述，然后从羊的生产角度详细介绍了羊的品种、营养与饲料、饲料青贮、繁育、饲养管理、羊场的建造和羊场经营管理等方面的知识和技术，还介绍了羊的疾病防治等内容。书中设有“提示”“注意”等小栏目和部分知识点的视频资料，可以帮助读者更好地理解养羊过程中的知识要点。

本书可供养羊专业户、羊场及基层畜牧养殖技术人员使用，也可供农业院校相关专业师生参考。

图书在版编目（CIP）数据

高效养羊：视频升级版/熊家军，肖峰主编.—2版.—北京：机械工业出版社，2018.6（2021.4重印）
（高效养殖致富直通车）
ISBN 978-7-111-59897-8

Ⅰ.①高…　Ⅱ.①熊…②肖…　Ⅲ.①羊－饲养管理　Ⅳ.①S826

中国版本图书馆CIP数据核字（2018）第092916号

机械工业出版社（北京市百万庄大街22号　邮政编码100037）
总 策 划：李俊玲　张敬柱
策划编辑：高　伟　责任编辑：高　伟　张　建
责任校对：张　力　责任印制：孙　炜
保定市中画美凯印刷有限公司印刷
2021年4月第2版第5次印刷
147mm×210mm·6.125印张·4插页·192千字
标准书号：ISBN 978-7-111-59897-8
定价：35.00元

凡购本书，如有缺页、倒页、脱页，由本社发行部调换

电话服务	网络服务
服务咨询热线：010-88361066	机 工 官 网：www.cmpbook.com
读者购书热线：010-68326294	机 工 官 博：weibo.com/cmp1952
010-88379203	金 书 网：www.golden-book.com
封面无防伪标均为盗版	教育服务网：www.cmpedu.com

高效养殖致富直通车

编审委员会

改革开放以来，我国养殖业发展非常迅速，肉、蛋、奶、鱼等产品产量稳步增加，在提高人民生活水平方面发挥着越来越重要的作用。同时，从事各种养殖业也已成为农民脱贫致富的重要途径。近年来，我国经济的快速发展对养殖业提出了新要求，以市场为导向，从传统的养殖生产经营模式向现代高科技生产经营模式转变，安全、健康、优质、高效和环保已成为养殖业发展的既定方向。

针对我国养殖业发展的迫切需要，机械工业出版社坚持高起点、高质量、高标准的原则，于2014年组织全国20多家科研院所的理论水平高、实践经验丰富的专家、学者、科研人员及一线技术人员编写了“高效养殖致富直通车”丛书，范围涵盖了畜牧、水产及特种经济动物的养殖技术和疾病防治技术等。丛书应用了大量生产现场图片，形象直观，语言精练、简洁，深入浅出，重点突出，篇幅适中，并面向产业发展需求，密切联系生产实际，吸纳了最新科研成果，使读者能科学、快速地解决养殖过程中遇到的各种难题。丛书表现形式新颖，大部分图书采用双色印刷，设有“提示”“注意”等小栏目，配有一些成功养殖的典型案例，突出实用性、可操作性和指导性。四年来，该丛书深受广大读者欢迎，销量已突破30万册，成为众多从业人员的好帮手。

根据国家产业政策、养殖业发展、国际贸易的最新需求及最新研究成果，机械工业出版社近期又组织专家对丛书进行了修订，删去了部分过时内容，进一步充实了图片，考虑到计算机网络和智能手机传播信息的便利性，增加了二维码链接的相关技术视频，以方便读者更加直观地学习相关技术，进一步提高了丛书的实用性、时效性和可读性，使丛书易看、易学、易懂、易用。该丛书将对我国产业技术人员和养殖户提供重要技术支撑，为我国相关产业的发展发挥更大的作用。

赵广永（签名）

中国农业大学动物科技学院

Preface 前言

我国养羊业历史悠久，绵羊、山羊品种资源丰富，养羊数量和羊产品产量均居世界前列。我国草原辽阔，草山草坡面积广大，秸秆等农副产品饲料资源丰富，在广大农区和牧区发展养羊业有巨大的潜力，不仅能满足人们对羊产品的消费需求，而且有利于农牧民增收、就业，促进秸秆利用，带动相关产业的发展。

我国人多地少，人均耕地资源不足，从这一基本国情出发，发展节粮型的养羊业，对增加农牧民收入，改变我国城乡居民肉类消费结构，促进国民经济持续、稳定、健康发展，都具有重要意义。

目前，国内外市场对羊产品的需要量越来越大，而羊以食草为主，饲养成本低、饲料来源广泛、易饲养、好管理，羊产品销路好、见效快，因此羊生产已经成为许多有识之士投资的热点和广大农牧民增收的途径。为适应我国社会主义新农村建设和农村产业结构调整的要求，以及养羊生产快速发展的新形势，普及科学养羊知识，改变传统落后的养羊方式和方法，提高群众科学养羊的技术水平，我们在查阅大量国内外养羊科学文献的基础上，结合多年科学研究与生产实践经验，组织编写了本书。在编写本书时，结合我国养羊生产的条件和特点，遵循“内容全面、语言通俗、注重实用”的原则，深入浅出地介绍了与养羊相关的理论与方法，力求使广大养羊户读得懂、用得上，同时对一些知识点配有以二维码形式链接的视频（建议读者在 Wi-Fi 环境下扫码观看），能满足畜牧兽医工作者，特别是养羊专业技术人员的工作所需。

需要说明的是，本书所用药物及其使用剂量仅供读者参考，不可照搬。在生产实际中，所用药物学名、常用名与实际商品名称有差异，其浓度也有所不同，建议读者在使用每一种药物前，参阅厂家提供的产品说明以确认药物用量、用药方法、用药时间及禁忌等。

在本书编写过程中，参考了部分专家、学者的相关文献资料，在此谨致谢意。由于作者水平有限，书中难免存在不足和疏漏之处，恳请广大读者和同行批评指正。

编　者

Contents 目录

序

前言

第一章　概述 …… 1

一、我国养羊业现状 …… 1

二、我国养羊业发展方向 …… 4

第二章　羊的品种 …… 7

第一节　我国主要山羊品种 …… 7

一、地方良种 …… 7

二、培育品种 …… 13

三、引进品种 …… 15

第二节　我国主要绵羊品种 …… 17

一、地方良种 …… 17

二、培育品种 …… 21

三、引进品种 …… 23

四、其他绵羊品种 …… 24

第三章　羊的营养与饲料 …… 27

第一节　羊的饲养标准 …… 27

一、肉用绵羊的饲养标准 …… 27

二、肉用山羊的饲养标准 …… 37

第二节　羊的常用饲料 …… 45

一、粗饲料 …… 45

二、青绿饲料 …… 45

三、青贮饲料 …… 46

四、能量饲料 …… 46

五、蛋白质饲料 …… 47

六、矿物质饲料 …… 49

七、维生素饲料 …… 49

八、饲料添加剂 …… 50

第三节　羊饲料的加工调制 …… 50

一、青绿饲料的加工调制 …… 50

二、粗饲料的加工调制 …… 51

三、能量饲料的加工调制 …… 53

第四节　羊日粮配合 …… 54

一、日粮配合的意义 …… 54

二、日粮配合的一般原则 …… 55

三、日粮配合的步骤 …… 56

四、羊日粮配方设计示例 …… 57

五、羊全混合日粮（TMR） …… 59

第四章　饲料青贮…………………………………………………… 66

第一节　青贮的特点、原理 …… 66
一、青贮的特点 …………… 66
二、青贮的生物学原理 …… 67
第二节　青贮原料 …………… 68
一、青贮原料应具备的条件 ……………………… 68
二、各类原料青贮后的营养特点 ………………… 70
第三节　青贮设施 …………… 70
一、青贮设施的要求 ……… 70
二、常见青贮设施类型 …… 71
三、青贮设施的设计 ……… 73
第四节　青贮方法 …………… 75
一、青贮饲料的制作工艺流程 ……………………… 75
二、一般青贮方法 ………… 76
三、防止青贮饲料二次发酵的措施 …………… 77
第五节　青贮饲料的品质鉴定 ………………… 77
一、青贮饲料样品的采取 … 77
二、青贮饲料的品质鉴定方法 ……………………… 78
三、青贮饲料在养羊中的应用及注意事项 ……… 80

第五章　羊的繁育技术 …………………………………………… 81

第一节　发情、配种与人工授精 ………………… 81
一、性成熟和初配年龄 …… 81
二、发情 …………………… 82
三、配种 …………………… 83
四、人工授精 ……………… 85
第二节　妊娠与分娩 ………… 93
一、妊娠期与预产期 ……… 93
二、妊娠特征 ……………… 94
三、分娩接羔 ……………… 95
四、难产及助产 …………… 96
五、假死羔羊救治 ………… 97
第三节　提高羊繁殖力的措施 ……………… 97
一、提高公羊繁殖力的措施 ……………………… 98
二、提高母羊繁殖力的措施 ……………………… 98

第六章　羊的饲养管理 ………………………………………… 102

第一节　羊的日常管理 ……… 102
一、羊的保定………………… 102
二、羊只编号………………… 102
三、羔羊断尾………………… 104
四、山羊去角………………… 104
五、公羊去势………………… 105
六、羊只修蹄………………… 105
七、药浴保健………………… 106
八、捉羊引羊………………… 106
第二节　羊饲养管理的一般原则……………………… 107
第三节　各类羊的饲养管理 … 108
一、种公羊的饲养管理 …… 108
二、母羊的饲养管理 ……… 110

三、羔羊的饲养管理 ········ 112
四、育成羊的饲养管理 ······ 115
五、育肥羊的饲养管理 ······ 115

第七章 羊场的建造 ······ 118

第一节 羊舍选址的基本要求和原则 ······ 118
一、羊舍选址的基本要求 ··· 118
二、修建羊场应遵循的原则 ······ 119
第二节 羊舍建造的基本要求 ······ 120
一、不同生产方向所需羊舍的面积 ······ 120
二、地面 ······ 121
三、羊床 ······ 121
四、墙体 ······ 122
五、屋顶和天棚 ······ 122
六、运动场 ······ 122
七、围栏 ······ 122
八、食槽和水槽 ······ 122
第三节 羊舍的类型及式样 ··· 123
一、长方形羊舍 ······ 123
二、楼式羊舍 ······ 124
三、塑料薄膜大棚式羊舍 ··· 124
第四节 养羊场的基本设施 ··· 125
一、饲槽、草架 ······ 125
二、多用途活动栏圈 ······ 126
三、药浴设备 ······ 126
四、青贮设备 ······ 127
五、兽医室 ······ 127
六、监控系统 ······ 127

第八章 羊场经营管理 ······ 128

第一节 技术管理 ······ 128
一、饲养管理方式 ······ 128
二、羊群分组与结构 ······ 128
三、羊群规模 ······ 129
第二节 制订年度生产计划与实施 ······ 130
一、制订年度生产计划的步骤 ······ 130
二、年度生产计划的内容 ··· 130
三、年度生产计划的实施 ··· 131
四、羊场其他计划的制订 ··· 131
第三节 羊场的成本核算和劳动管理 ······ 133
一、投入与产出的核算 ······ 133
二、成本核算 ······ 133
三、成本核算方法举例 ······ 135
四、羊场的劳动管理 ······ 140
第四节 提高羊场经济效益的主要途径 ······ 140

第九章 羊的疾病防治 ······ 143

第一节 羊的卫生防疫措施 ··· 143
一、加强饲养管理 ······ 143
二、搞好环境卫生 ······ 144
三、严格执行检疫制度 ······ 144

四、有计划地进行免疫接种 …………………… 145
五、做好消毒工作 ………… 147
六、实施药物预防 ………… 149
七、组织定期驱虫 ………… 150
八、预防中毒的措施 ……… 150
九、发生传染病时及时采取措施………………… 151
第二节 羊病的诊疗和检验技术 ………………… 151
一、临床诊断…………………… 151
二、病料送检…………………… 157
三、给药方法…………………… 158
第三节 羊的主要传染病 …… 160
一、炭疽 ……………………… 160
二、口蹄疫 …………………… 162
三、布氏杆菌病……………… 163
四、羊传染性脓疱病 ……… 164
五、羔羊大肠杆菌病 ……… 165
六、巴氏杆菌病……………… 166
七、肉毒梭菌中毒症 ……… 168
八、羊肠毒血症 …………… 169
九、羊快疫 ………………… 171
十、羊猝狙 ………………… 172
第四节 羊常见寄生虫病的防治…………………… 173
一、肝片吸虫病 …………… 173
二、羊胃肠线虫病 ………… 174
三、绦虫病 ………………… 175
四、疥癣病 ………………… 176
第五节 普通病的防治 ……… 177
一、瘤胃积食………………… 177
二、羔羊消化不良 ………… 178
三、胃肠炎 ………………… 178
四、瘤胃酸中毒 …………… 179
五、有机磷中毒 …………… 180
六、亚硝酸盐中毒 ………… 181
七、霉饲料中毒 …………… 181
八、尿素中毒………………… 182
九、难产 …………………… 183
十、胎衣不下………………… 184

附录 常见计量单位名称与符号对照表 ……………… 185

参考文献 ……………………………… 186

索引 ……………………………………… 188

第一章 概 述

一、我国养羊业现状

20 世纪 80 年代以前，我国养羊业主要是解决羊毛生产问题，羊肉生产尚未受到重视。此后，国际养羊业的主导方向发生了变化，肉毛兼用羊或肉用羊成为主流。在这一大背景下伴随着我国社会经济的发展，城乡居民经济收入的增加和生活水平的提高，食物消费结构的调整，对蛋白质含量高、胆固醇含量低、营养丰富的羊肉的需求量明显增加。特别是 20 世纪 90 年代以来，随着羊毛市场疲软，羊肉需求量猛增，在市场需求和相关政策的推动下，我国养羊业发展迅速。2016 年农业部关于印发《全国草食畜牧业发展规划（2016—2020 年）》的通知中明确提出了我国养羊业的重点和发展方向，即重点发展肉羊产业，兼顾绒毛用羊。

1. 羊存栏情况

进入 21 世纪，我国肉羊生产保持了较快的发展趋势，肉羊存栏量、羊肉产量均有不同幅度的增长（表 1-1）。从绝对量上看，2001 年我国肉羊存栏量达到 2.76 亿只，此后逐年增长，在 2004 年创造历史新高，达到 3.04 亿只的最好水平，近几年来虽然有所回落，但仍保持在年存栏 2.8 亿～3 亿只的发展水平。与此同时，我国羊肉产量呈快速增长趋势，年产羊肉量由 2001 年的 271.8 万吨，增加到 2014 年的 428.2 万吨，羊肉产量增加了 156.4 万吨；羊肉在肉类中的比例也从 2001 年的 4.45% 上升到 2010 年的 5.03%，此后一直维持在 4.78%～4.94%。可以看出肉羊生产量在我国稳步提高。

表 1-1 我国肉羊生产在畜牧业中比重变化

类 别	年 份							
	2001	2004	2005	2010	2011	2012	2013	2014
年末存栏量/万只	27630	30430	29790	28090	28240	28500	29040	30010

（续）

类　别	年　份							
	2001	2004	2005	2010	2011	2012	2013	2014
肉类产量/万吨	6105.8	6608.7	6938.9	7925.8	7965.1	8387.2	8535.0	8706.7
羊肉产量/万吨	271.8	332.9	350.1	398.9	393.1	401.0	408.1	428.2
占肉类比重（%）	4.45	5.04	5.04	5.03	4.94	4.78	4.78	4.92

数据来源：《中国农村统计年鉴》。

2. 肉羊主要生产区

我国基本上所有省区都生产肉羊，产区比较分散，但传统五大牧区（内蒙古、新疆、甘肃、青海、西藏）仍是我国肉羊生产的主要省区。近几年随着农区畜牧业的发展，山东、河北、河南、安徽、四川这5个省的肉羊生产不断增加，联同以上五大牧区形成我国主要的肉羊生产基地。内蒙古是我国羊肉产量最多的地区，2014年羊肉产量达93.3万吨，其次是新疆，产量达53.6万吨；在农区，山东、河北、河南成为羊肉生产大省，2014年产量分别为36.0万吨、30.4万吨和25.4万吨。从2001～2010年间，由于内蒙古羊肉产量的飞速增长，牧区五省羊肉总产量占全国比重逐渐上升，在2008年达到顶峰，羊肉产量占全国比重达49.51%，此后维持在43%左右；而农区羊肉产量占全国比重在2008年后急剧下降，在2010年以后基本保持在31%左右。

3. 羊资源分布情况

我国地处欧亚大陆东南部，自北向南有寒温带、温带、暖温带、亚热带和热带5个气候带。独特的气候和地貌特征是我国绵羊、山羊系统发育与演变的自然基础。目前，我国已有35个品种（绵羊15个，山羊20个）列入《中国羊品种志》。近年来，通过对我国地区品种的补充调查，又发现了30多个优良的地区绵、山羊品种（群）。从分布区域看，我国32个省、市、自治区中，均有羊分布。但是，由于各地自然生态条件差异很大，羊的分布极不平衡。总体上看，绵羊的主要分布地区属于温带、暖温带和寒温带的干旱、半干旱和半湿润地带，西部多于东部，

北方多于南方；而山羊则较多分布在干旱贫瘠的山区、荒漠地区和一些高温高湿地区。根据生态经济学原则，结合行政区域，可将我国内地羊的分布划分为8个生态地理区域。

（1）东北农区 包括辽宁、吉林和黑龙江三省。从小兴安岭北麓到辽东半岛，属寒温带和温带湿润、半湿润地区，冬寒夏热，7~8月平均气温在30℃以上，12月至次年2月平均气温在-20℃以下，年平均气温仅为0~8℃，年降水量由东向西递减，无霜期为90~210天。东北是近150年内的新垦农区，地形复杂，山地、河谷及小平原相互交错，放牧植被多为灌木丛和山地草甸草场，农业和林果业发达，农副产品丰富，具有较好的养羊和放牧条件。2014年东北农区有绵、山羊2061.2万只，占全国总存栏量的6.8%，其中山羊709.9万只，绵羊1351.3万只。

（2）内蒙古地区 内蒙古地区属温带大陆性季风气候为主的多样气候，从东到西自然条件差异明显，春季气温骤升，多大风天气，夏季短促而炎热，降水集中，秋季气温剧降，冬季漫长寒冷。年平均气温为0~8℃，年总降水量为50~500毫米，无霜期为90~185天。目前该地区是我国羊存栏量最大的地区。2014年内蒙古羊存栏数为5569.3万只，占全国存栏数的18.4%，所有省市中居全国首位，其中绵羊存栏4016.2万只，山羊存栏1553.1万只。

（3）华北农区 包括山东、山西、河北、河南四省，以及北京、天津两市。该地区主要有丘陵、平原、山地3个地形带，属典型的温带大陆性季风气候，四季分明，冬季寒冷干燥，夏季高温多雨。年平均气温为13.2~14.1℃，年降水量为600~900毫米，而且多集中在6~8月，无霜期为180~240天。产区农业发达，农副产品丰富，自古就是我国农业文化发达的地区，养羊历史悠久。华北区2014年有绵、山羊6624.8万只，占全国羊总数的21.8%，其中山羊4300.1万只，绵羊2324.7万只。

（4）西北农牧交错区 包括陕西、甘肃和宁夏三省区。地理上包括黄土高原西部、渭河平原、河西走廊等。该地区除陕西秦岭以北少数地区属亚热带气候外，多属内陆气候，干旱少雨，降水量自东向西逐渐减少，天然草场多属荒漠、半荒漠草原类型，植被稀疏，覆盖率在40%以下。荒漠中的绿洲农业发达，可提供农副产品作为羊的冬春补充饲料。西北农牧交错区2014年有绵、山羊3272.6万只，占全国羊总数的10.8%，其中山羊存栏1096.3万只，绵羊存栏2176.3万只。

（5）新疆牧区 新疆是我国五大牧区之一，全疆草原面积约

5733.3万公顷（1公顷=10000米²）。新疆因深居内陆，形成明显的温带大陆性气候。气温变化大，日照时间长，降水量少，空气干燥。新疆年平均降水量为150毫米左右，但各地降水量差距很大。无霜期为120～240天。新疆农作物种植历史悠久、种类繁多，且在天山南北有4800万公顷天然牧场，为养羊业发展提供了良好的物质基础。新疆地区2014年有绵、山羊3884.0万只，占全国羊总数的12.8%，其中山羊506.4万只，绵羊3377.6万只。

（6）中南农区　指秦岭山脉和淮河以南除西南四省的广大农业地区，包括上海、江苏、浙江、安徽、江西、湖北、湖南、广东、广西、福建、海南、台湾等南方农区。该地区地处亚热带和热带，由于气候温暖潮湿，地形以丘陵、盆地、平原为主，自然环境条件优越，农业发达，灌丛草坡面积大，因此，常年有丰富的饲草，特别是青绿饲草，形成以山羊为主的养羊业。中南农区2014年有绵、山羊2683.1万只，占全国羊总数的8.9%，其中山羊2600.0万只，绵羊83.1万只。

（7）西南农区　包括重庆、云南、贵州，以及四川东部、西部和西南部。该地区属亚热带湿润季风气候。主体部分气温变化小，冬暖夏凉，雨季明显，主要集中在夏、秋两季。但云南气候大致与地形相对应。西北部的高山深谷区为山地立体气候区，北回归线以南的西双版纳、普洱南部等地则属于热带季雨林气候；贵州的气候温暖湿润，属亚热带湿润季风气候；四川东部盆地大部年降水量为900～1200毫米。但在地域上，盆周多于盆底，川西高原降水少，年降水量大部为600～700毫米，川西南山地降水地区差异大，干湿季节分明。该地区自古以来就是多民族聚居区域，且生态环境复杂多样，由此形成我国羊遗传资源最丰富的地区之一。2014年西南农区有绵、山羊3305.7万只，占全国羊总数的10.9%，其中山羊2990.6万只，绵羊315.1万只。

（8）青藏高原区　青藏高原区是我国重要的牧区，包括青海、西藏、甘肃南部和四川西北部。该地区面积广大，雪山连绵，冰川广布，丘陵起伏，湖盆开阔，到处可见天然牧场，海拔一般在3000米以上，气候寒冷干燥，无绝对无霜期，枯草季节长。2014年有绵、山羊1656.1万只，占全国羊总数的9.6%，其中山羊709.7万只，绵羊2204.5万只。

二、我国养羊业发展方向

1. 标准化适度规模养殖模式将成为主流

规模化养羊，是养羊业发展的必然趋势。有规模才能上效益，才能

充分利用一些先进的生产技术或工艺进行集约化生产，提高养羊业生产效率，促进羊产业发展。规模化是一个渐进发展的过程，不同的地区应立足当地的资源与市场优势，以经济效益为中心，实施规模化养羊。但规模化并不意味着规模越大越好，而是应该根据当地的牧场资源、草料资源、养殖技术等选择适宜的规模，大群养殖也要从小做起，不能片面追求数量增长。鼓励和引导养羊专业户建立合作社，实现小生产与大市场的接轨。

2. 由大羊肉生产趋向羔羊肉生产

羊肉分为羔羊肉和大羊肉 2 种类型。羔羊肉是指 12 月龄以内的羊肉。国外将出生后 4～6 月龄育肥的羔羊称为肥羔；大羊肉又叫成羊肉，是指 1 岁以上的羊肉。羔羊在出生后最初几个月内，生长快，饲料利用率高，成本低，肉质细嫩多汁，瘦肉多，脂肪少，人食用后易消化；肥羔生产周期短，周转快，经济效益高，很受市场欢迎，发展迅速，由于肥羔是生长和育肥同时进行的，出生不久的羔羊身体，含骨比例高，脂肪比例低。随着生长发育到成熟，脂肪比例变大，骨的比例变小，年龄越大，脂肪含量越高。从羊机体的化学组成看，刚出生不久的羔羊，肉中的蛋白质和水分含量高，随着年龄的增长，水分及蛋白质的含量相对下降，而脂肪含量则上升。

在我国北方牧区，羊资源丰富，羔羊数量多，可重点进行专业化羔羊肉生产，提高羊肉质量。

3. 养羊生产由天然放牧转向现代化生产

随着国家封山育林、天然林保护、水土保持、退耕还林、退耕还草等一系列工程、政策的实施，养羊业必须转变饲养方式。牧区应当实施种草养羊，划区轮牧；农区可利用秸秆等农副产品资源，发展舍饲养羊；在山区，可与退耕还林、退耕还草工程相结合，建设人工草地，实行半放牧半舍饲。

在养羊业发达的国家，粗放式经营细毛羊生产、半集约化经营肉毛兼用或毛肉兼用半细毛羊生产，集约化经营肉用羊且以生产肥羔为主。羊场实行专业化分工、相互协调、互为支撑，形成较完善的生产体系和较固定的生产模式。同时，在改良天然草地、建立人工草地上下功夫，提高草地载畜量并实行先进的围栏分区轮牧方法合理利用草场。

4. 开发地方羊资源，培育肉羊新品种

地方羊资源是我国养羊业的基础，是开展经济杂交的母本群体。我

国有丰富的地方良种和培育品种资源，它们是对当地生态环境高度适应的类群，具有某种优良特性，如小尾寒羊、湖羊的高繁殖力，蒙古羊、滩羊、藏羊的耐粗饲和高抗病力等，选择这些品种在我国的肉羊生产中充当经济杂交的母本，可充分发挥它们的优点。

引进的国外品种也是培育我国肉羊品种的遗传材料，南江黄羊的培育就是个成功的典范。我国引入的国外肉羊优秀品种较多，并根据各地的实际情况与当地品种开展了卓有成效的杂交利用（彩图 1），应在大面积杂交的基础上，在生态经济条件和生产技术条件比较好的地区或单位，通过有目的、有计划的选育，培育出适应我国不同地区生态条件的、各具特色的、高产、多胎和抗逆性强的专门化肉用新品种。

5. 提高羊肉加工能力，确保羊肉质量

羊肉加工是肉羊产业链中的重要一环。我国现有的具有一定规模的牛羊加工企业约有很多家，但是大型企业少，中小型企业多，屠宰加工设备和工艺水平参差不齐，相当一部分企业技术装备不完善，工艺水平落后，加工的产品品种及质量不能满足市场的需要。

羊肉加工企业应积极进行技术设备的改造升级，提高工艺水平，丰富羊肉产品种类，严格执行屠宰加工过程中的各种规范要求，确保羊肉产品质量。

第二章 羊的品种

我国绵羊、山羊品种资源十分丰富，已列入国家级品种志的绵羊品种有30个、山羊品种有23个。但不同品种的生产性能、产品品质及养殖效益有较大差异。

第一节 我国主要山羊品种

一、地方良种

1. 马头山羊

马头山羊产于湖南、湖北的西北部山区，现已分布到陕西、河南、四川等省，具有性早熟、繁殖力高、产肉性能和板皮品质好等特征，是我国南方山区优良的肉用山羊品种之一。

（1）外貌特征 马头山羊的公、母羊均无角，头较长而大小中等，头形类似马头，故称马头山羊。被毛颜色以白色短毛为主，有少量的黑色和麻色。在颈下、后大腿部及腹侧生有较长的粗毛，公羊4月龄后额顶部长出长毛（雄性特征），可生长到眼眶下缘，长久不脱，去势1个月后就全部脱光，不再复生。体躯呈长方形，骨骼结实，结构匀称。背腰平直，臀部宽大，尻部微斜，尾短而上翘。母羊乳房发育良好，四肢结实有力，肢势端正，蹄质坚实（彩图2）。

（2）生产性能 成年公羊体重平均为43.8千克，母羊为33.7千克，羯羊为47.4千克，1岁羯羊为34.7千克。成年羊屠宰率平均为62%。早期肥育效果好，可生产肥羔肉，肉质鲜嫩、膻味小。板皮品质良好，张幅大。所产粗毛洁白、均匀，可制作毛笔、毛刷。该羊繁殖性能高、性成熟早，公羊8~10月龄、母羊6~7月龄开始繁殖。母羊1年可产2胎，初产母羊多产单羔，经产母羊多产双羔。产羔率为191.9%~

200.3%，母羊有3～4个月的泌乳期。

2. 成都麻羊

成都麻羊又称四川铜羊，原产于四川成都平原和邻近的丘陵与低山地区，现已分布到四川大部分县（市）及湖南、湖北、广东、广西、福建、河南、河北、陕西、江西、贵州等地，与当地山羊杂交，改良效果好。

（1）外貌特征 全身被毛短而有光泽，毛色分为赤铜色、麻褐色和黑红色3种类型。单根毛纤维上、中、下段颜色分别为黑、棕红、灰黑色，整个被毛棕黄带黑麻，故名麻羊。公、母羊大多有角，有髯。沿颈、肩、背、腰至尾根，肩甲两侧至前臂，各有一条黑色毛带，形成“十”字架形结构。公羊前躯发达，体态雄健，体形呈长方形；母羊背腰平直，后躯深广（彩图3）。

（2）生产性能 成年公羊体重平均为43.0千克，母羊为32.6千克；性成熟早，母羊的初配年龄为8月龄，公羊为10月龄。母羊发情周期为20天，发情持续期为36～64小时，妊娠期为148±5天，产后第一次发情时间为40天左右。母羊终年均可发情，但以春、秋两季发情最为明显。1年产2胎或2年产3胎，胎产双羔占2/3以上，高产达3～4羔。成都麻羊生长快，夏、秋两季抓膘能力强，1岁羯羊宰前体重平均为26.3千克，成年羯羊为42.8千克，屠宰率分别为49.8%和54.3%。板皮品质良好，致密、弹性良好、质地柔软、耐磨损。1岁羯羊板皮面积在5000厘米^{2}以上，成年羊为6500～7000厘米^2。

3. 建昌黑山羊

建昌黑山羊主要分布在四川凉山彝族自治州的会理县、会东县等地。

（1）外貌特征 建昌黑山羊毛色以黑色为主，也有黄、白、灰或杂色，被毛有光泽，有长短之分。公、母羊均有角，公羊角粗大，呈镰刀状，母羊角小。大多数羊有髯，少数羊颈下有肉垂。体格中等，头呈三角形，鼻梁平直，两耳向侧上方平伸。体躯结构匀称、紧凑，呈长方形，骨骼结实，四肢健壮有力，活动灵活。

（2）生产性能 建昌黑山羊公羔和母羔初生体重平均为2.49千克和2.32千克；1岁公、母羊体重平均为27.37千克和25.03千克；成年公、母羊体重平均为38.42千克和35.49千克。1岁公羊屠宰率为45.9%，净肉率为31.69%；母羊屠宰率为46.68%，净肉率为32.73%；成年羯羊屠宰率为52.94%，净肉率为38.75%；成年母羊屠宰率为48.36%，净肉率为34.49%。

建昌黑山羊性成熟较早，母羊 4 ~ 5 月龄初次发情，7 ~ 8 月龄开始配种，四季发情，发情周期为 15 ~ 20 天，发情持续期为 24 ~ 72 小时；公羊 7 ~ 8 月龄性成熟，初配年龄应在 1 岁以后。完全放牧状态下，平均年产 1.5 胎。

4. 长江三角洲白山羊

本品种主要分布在江苏的南通、苏州、扬州，上海郊县和浙江的嘉兴、杭州等地，是我国生产笔料毛的山羊品种。

（1）外貌特征 被毛白色，短且直，公羊肩胛前缘、颈和背部毛较长，富有光泽，绒毛少。羊毛洁白，挺直有峰，弹性好，是制毛笔的优质原料。该羊体型中等偏小，头呈三角形，面微凹。公、母羊均有角，向后上方呈“八”字形张开，公羊角粗，母羊角细短。公母羊颌下均有髯。前躯较窄，后躯稍宽，背腰平直。

（2）生产性能 成年公羊体重平均为 28.6 千克，母羊为 18.4 千克，羯羊为 16.7 千克；初生公羔体重平均为 1.2 千克，母羔为 1.1 千克，当地群众喜吃带皮山羊肉。羯羊肉质肥嫩、膻味小。所产板皮品质好，皮质致密、柔韧、富有光泽。该羊性成熟早，母羊 6 ~ 7 月龄可初配，经产母羊多集中在春、秋两季发情。2 年产 3 胎，初产母羊每胎 1 ~ 2 羔，经产母羊每胎 2 ~ 3 羔，最多可达 6 羔，产羔率为 228.6%。

5. 板角山羊

板角山羊因有 1 对长而扁平的角而得名，原产于四川的万源市，以及重庆的城口县、巫溪县和武隆区，与陕西、湖北及贵州等省接壤的部分地区也有分布。

（1）外貌特征 板角山羊大部分全身被毛白色，公羊毛粗长，母羊毛细短。头部中等，鼻梁平直，额微凸。公、母羊均有角，角先向后再向下前方弯曲，公羊角宽大、扁平、尖端向外翻卷。公、母羊均有髯，无肉垂。体躯呈圆筒状，背腰平直，四肢粗壮，蹄质坚硬（彩图 4）。

（2）生产性能 板角山羊产肉性能好，成年公羊体重平均为 40.5 千克，母羊为 30.3 千克；2 月龄断奶公羔体重平均为 9.7 千克，母羔为 8.0 千克；成年羯羊宰前体重为 38.8 千克，屠宰率为 55.7%。板皮弹性好，质地优良，张幅大。6 ~ 7 月龄性成熟，一般 2 年产 3 胎，高山寒冷地区 1 年产 1 胎。产羔率为 184%。

6. 宜昌白山羊

宜昌白山羊分布于湖北宜昌市和恩施土家族苗族自治州，毗邻的湖南、四川等省也有分布。

（1）外貌特征 宜昌白山羊的公、母羊均有角，背腰平直，后躯丰满。被毛白色，公羊毛长，母羊毛短，有的母羊背部和四肢上端有少量的长毛（彩图5）。

（2）生产性能 成年公羊体重平均为35.7千克，母羊为27.0千克。板皮呈杏黄色，厚薄均匀、致密、弹性好、油性足，具有坚韧、柔软等特点。1岁羊屠宰率为47.41%，2~3岁羊为56.39%。肉质细嫩，味鲜美。性成熟早，4~5月龄性成熟，年产2胎者占29.4%，2年产3胎者占70.6%，1胎产羔率为172.7%。

7. 黄淮山羊

黄淮山羊分布于黄河与淮河流域的河南、安徽、江苏三省的交界处。具有分布面积广、数量多、耐粗饲、抗病力强、性成熟早、繁殖率高、产肉性能好、板皮品质优良等特性。

（1）外貌特征 被毛为白色，粗毛短、直且稀少，绒毛少。分有角和无角2种类型，公羊角粗大，母羊角细长，呈镰刀状向上后方伸展。头偏重，鼻梁平直，面部微凹，公、母羊均有须。体躯较短，胸较深，背腰平直。肋骨开张呈圆筒状，结构匀称，尻部微斜，尾粗短上翘，蹄质坚实。母羊乳房发育良好，呈半球状。

（2）生产性能 黄淮山羊的肉质好，瘦肉率高。成年公羊体重为34~37千克，成年母羊为23~27千克；羔羊初生重平均为1.86千克，2月龄断奶体重平均为6.84千克，3~4月龄屠宰体重为7.5~12.5千克，屠宰率可达60%；7~8月龄羯羊体重为16.65~17.40千克，屠宰率为48.79%~50.05%，净肉率为39%左右；成年羯羊宰前体重平均为26.32千克，屠宰率为45.90%~51.93%，所产板皮致密、毛孔细小，分层多而不破碎、拉力强而柔软，韧性大，弹力高，是优质制革原料。

黄淮山羊性成熟早，母羔出生后40~60天即可发情，4~5月龄配种，9~10月龄可产第一胎。妊娠期为145~150天，母羊产后20~40天发情，1年可产2胎。母羊全年发情，以春、秋两季最为旺盛，发情周期为15~21天，持续期1~2天，产羔率为227%~239%。

8. 辽宁绒山羊

辽宁绒山羊主产于辽东半岛，是我国现有产绒量高、绒毛品质好的绒用山羊品种。

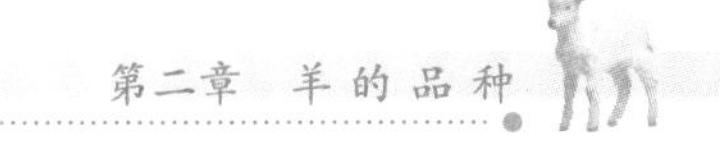

（1）外貌特征 公、母羊均有角，头小，有髯，额顶长有长毛，背平直，后躯发达，蹄质结实，四肢粗壮，被毛纯白色。

（2）生产性能 辽宁绒山羊产绒性能好，每年3～4月的抓绒量：成年公羊平均抓绒量为570克，个别达800克以上，母羊为320克，个体间抓绒量差异较大。其还有一定的产肉能力。成年公羊宰前体重为48.3千克，屠宰率为50.9%，母羊分别为42.8千克和53.2%。公、母羊5月龄性成熟，一般在18月龄初配，母羊发情集中在春、秋两季，产羔率为118.3%。

9. 内蒙古绒山羊

内蒙古绒山羊产于内蒙古西部，分布于二郎山地区、阿尔巴斯地区和阿拉善左旗地区，是我国绒毛品质最好、产绒量高的优良绒山羊品种。根据被毛长短分长毛型和短毛型两种类型。

（1）外貌特征 公、母羊均有角，有须，有髯。被毛多为白色，约占85%以上，外层为粗毛，内层为绒毛，粗毛光泽明亮、纤细柔软（彩图6）。

（2）生产性能 成年公羊平均剪毛量为570克，母羊为257克。绒毛纯白，品质优良，历史上以生产哈达而享誉国内外。成年公羊平均抓绒量为400克，最高达875克，母羊为360克。产肉能力较强，肉质细嫩，脂肪分布均匀，膻味小，屠宰率为45%～50%，羔羊早期生长发育快、成活率高。母羊繁殖力低，年产1胎，产羔率为102%～105%。母羊有7～8个月的泌乳期，日产奶量为0.5～1.0千克。

10. 中卫山羊

中卫山羊，又叫沙毛山羊，是我国独特而珍贵的裘皮用山羊品种。产于宁夏的中卫市、中宁县、同心县、海原县，甘肃中部和内蒙古阿拉善左旗地区。

（1）外貌特征 中卫山羊的毛色绝大部分为白色，杂色较少。初生羔羊至1月龄羊，被毛呈波浪形弯曲，随着年龄的增长，羊毛逐渐与其他山羊一致，成年羊被毛，外层为略带弯曲的粗毛，内层为绒毛。体格中等，身短而深，近似方形。公、母羊大多有角，公羊的角粗长，向后上方向外伸展；母羊角较小，向后上方弯曲，呈镰刀状。成年羊头部清秀，鼻梁平直，额前有一束长毛，面部、耳根、四肢下部均长有波浪形的毛。公羊前躯发育良好，背腰平直，四肢端正；母羊体格清秀（彩图7）。

（2）生产性能 中卫山羊以生产沙毛皮而著名，羔羊在35日龄时屠宰所得毛皮品质最佳，此时毛股的自然长度为7.5厘米，伸直长度达9.2厘米。冬羔裘皮品质优于春羔。成年羊每年产毛量、抓绒量各1次，剪毛量低，公羊平均为400克，母羊为300克；公羊抓绒量为164～240克，母羊为140～190克。该羊还有较好的肉、乳生产能力，二毛羔羊平均屠宰率为50%，成年羯羊为45%，肉质细嫩、膻味小。母羊有6～7个月的泌乳期，日产奶量为0.3千克。母羊集中在7～9月发情，产羔率为103%。

11. 济宁青山羊

济宁青山羊是我国独有、世界著名的猾子皮山羊品种，原产于鲁西南的济宁和菏泽，主要分布在嘉祥、梁山、金乡、巨野、汶上等地区。济宁青山羊是鲁西南人民长期培育而成的畜牧良种，对当地的自然生态环境有较强的适应性，抗病力强。

（1）外貌特征 济宁青山羊具有“四青一黑”的特征，即被毛、嘴唇、角和蹄为青色，前膝为黑色。被毛细长，有亮泽，由黑、白两色毛混生而成青色，故称之为青山羊。因被毛中黑、白两色毛的比例不同，又可分为正青色（黑毛数量占30%～60%）和粉青色（黑毛数量占30%以下）和铁青色（黑毛数量占60%以上）3种。该羊体格较小，俗称狗羊，体型紧凑。头呈三角形，额宽，鼻直，额部多呈浅青色，公羊头部有卷毛，母羊则无。公、母羊均有角，公羊角粗长，向后上方延伸；母羊角细短，向上向外伸展。公羊颈粗短，前胸发达，前高后低；母羊颈细长，后躯较宽。四肢结实，肌肉发育良好，尾小、上翘（彩图8）。

（2）生产性能 出生后3天内屠宰的羔羊皮具有天然青色和美丽的波浪状、流水状或片状花纹，板轻、美观，毛色纯青，有良好的皮用价值。成年羊产毛量为0.15～0.3千克，产绒量为40～70克。体型较小，初生羔羊公羊体重平均为1.41千克，母羊为1.33千克；断奶公羊体重平均为6.35千克，母羊为6千克；1岁公羊体重平均为18.7千克，母羊为14.4千克；成年公羊体重平均为36千克，胴体重为10～15千克，屠宰率为50%～60%，母羊胴体重为8～13千克，屠宰率为50%～55%。

该品种性成熟早，繁殖力强。初次发情为3～4月龄，最佳的配种时间为8～10月龄。1岁母羊即可产第一胎。1年产2胎或2年产3胎，经产山羊的产羔率为294%。济宁青山羊四季发情，发情周期为15～17天，发情持续时间为1～2天，妊娠期平均为146天。

12. 雷州山羊

雷州山羊原产于广东湛江徐闻县，分布于雷州半岛和海南岛一带。雷州山羊是我国亚热带地区特有的山羊品种，其来历尚无考证，但产区素有养羊习俗，在当地生态条件下，经多年选育形成适应于热带生态环境的山羊品种，以产肉和板皮质量优良而出名。

海南省引进该品种羊之后，进行选择培育，形成了自己的地方山羊品种羊——海南黑山羊（彩图9）。

（1）外貌特征　雷州山羊的被毛为黑色，个别为褐色或浅黄色，角和蹄为黑褐色。黄色羊除被毛黄色外，背线、尾部及四肢前端多为黑色或者黑黄色。公、母羊均有角，公羊角粗大，向外向下弯曲；母羊角小，向上向后伸展。公、母羊大多有髯。公羊体型高大，呈长方形。母羊体格较小，颜面清秀，颈较长，背腰平直，乳房发育良好，呈圆形。按体型分为高脚型和矮脚型。高脚型体高，腹部紧，乳房不够发达，多产单羔，喜走动，吃灌木枝叶；矮脚型则体矮，骨细，腹大，乳房发育良好，生长快，多产双羔，不择食。

（2）生产性能　公羔初生体重平均为2.3千克，母羔为2.1千克，1岁公羊体重平均为31.7千克，母羊为28.6千克；2岁公羊体重平均为50千克，母羊为43千克，羯羊为48千克；3岁公羊体重平均为54千克，母羊为47.7千克，羯羊为50.8千克；成年公羊体重为45~53千克，母羊为38~45千克。成年羊屠宰率为50%~60%，肥育羯羊达70%。母羊性成熟早，一般4月龄性成熟，8~10月龄可以配种，1岁可产羔。一年四季发情，但春、秋两季情欲旺盛，发情症状明显，发情周期为18天，发情持续1~3天。1年产2胎或者2年产3胎，每胎1~2羔，多者5羔，产羔率为150%~200%。母羊7~8岁、公羊为4~6岁时配种率最高。

二、培育品种

1. 南江黄羊

南江黄羊主产于四川南江县，由四川省南江县畜牧局等7个单位联合培育，1998年4月被农业部批准正式命名。目前已经推广至全国大部分省市，对各地山羊的改良效果比较明显。

南江黄羊不仅具有性成熟早、生长发育快、繁殖力高、产肉性能好、适应性强、耐粗饲、遗传性稳定的特点，而且肉质细嫩、适口性好、板皮品质优。南江黄羊适宜于在农区、山区饲养。

（1）外貌特征 南江黄羊的躯干被毛呈黄褐色，但面部毛色较深，呈黄黑色，鼻梁两侧有一对黄白色条纹，从头顶枕部沿脊背至尾根有一条宽窄不一的黑色条带。公羊前胸、颈下毛色黑黄，较粗较长，四肢上端生有黑色粗长毛。公母羊均有胡须，部分有肉垂。头大小适中，耳大且长，耳尖微垂，鼻梁微拱。南江黄羊大多数有角，角向上、向后、向外呈"八"字形，公羊角多呈弓状弯曲。公羊面部丰满，颈粗短，母羊颜面清秀、颈细长。公母羊整个身躯近似圆筒形，颈肩结合良好，背腰平直，前胸宽阔，尻部略斜，四肢粗壮，蹄质坚实，蹄呈黑黄色（彩图10）。

（2）生产性能 成年公羊体重平均为61.56千克，母羊为41.2千克；初生公羔体重平均为2.3千克，母羔为2.1千克；1岁公羊体重为32.2～38.4千克，母羊为27.78～27.95千克。在放牧条件下，1岁屠宰率为49%，净肉率为73.95%。母羊常年发情并可配种受孕，8月龄可初配，母羊可年产2胎，双羔率在70%以上，多羔率为13.5%。

2. 关中奶山羊

关中奶山羊因产于陕西关中地区而得名。主要分布在陕西关中地区，是我国奶山羊中的著名优良品种。

（1）外貌特征 公羊头大颈粗，胸部宽深，腹部紧凑，母羊颈长，胸宽，背腰平直，乳用特征明显。具有"头长、颈长、体长、腿长"的特征，群众俗称"四长羊"。被毛粗短，白色，皮肤粉红，有的羊有角、有肉垂（彩图11）。

（2）生产性能 成年公羊体重平均为78.6千克，母羊为44.7千克。公母羊均在4～5月龄性成熟，一般5～6月龄配种，发情旺季为9～11月，以10月最甚，产羔率为178.0%。第一胎泌乳量平均为305.7千克，泌乳期为242.4天；第二胎相应为379.3千克，244天；第三胎为419.2千克，253.9天。第一胎以第三个泌乳月产奶量最高，第二、三胎则以第二个泌乳月产奶量最高。

3. 崂山奶山羊

崂山奶山羊原产于山东的胶东半岛，主要分布于崂山及周边区市，是崂山一带群众经过多年培育形成的一个产奶性能高的地方良种，是我国奶山羊的优良品种之一。

（1）外貌特征 崂山奶山羊体质结实，结构匀称，公母羊大多无角，胸部较深，背腰平直，耳大而不下垂，母羊后躯及乳房发育良好，

被毛呈白色（彩图 12）。

（2）生产性能　成年公羊体重平均为 75.5 千克，母羊为 47.7 千克。羔羊 5 月龄性成熟，7～8 月龄体重在 30.0 千克以上的可初配。产羔率为 180%。第一胎泌乳量平均为 557.0 千克，第二、三胎为 870.0 千克，泌乳期一般为 8～10 个月，乳脂率为 4%。成年母羊屠宰率为 41.6%，6 月龄公羔为 43.4%。

三、引进品种

1. 波尔山羊

波尔山羊是目前世界上最著名的肉用山羊品种。原产于南非的干旱亚热带地区，以后被引入德国、新西兰、澳大利亚和美国等国家，我国于 1995 年开始先后从德国、南非引入本品种，现在在全国各地均有分布。波尔山羊体质强壮，适应性强，善于长距离放牧采食，适宜于灌木林及山区放牧，适应热带、亚热带及温带气候环境饲养。抗逆性强，能防止寄生虫感染。波尔山羊具有性成熟早，繁殖力强，生长发育快等特点，如果与地区山羊品种杂交，能显著提高后代的生长速度及产肉性能。

（1）外貌特征　体躯被毛为白色，短毛或中等长毛，在头颈部为大块红棕色，但不超过肩部。鼻梁为白色毛带。公母羊均有粗大的角，耳宽、长、下垂，鼻梁微隆。体格大，四肢较短，发育良好。体躯长而宽深，胸部发达，肋骨开张，背腰宽平，腿臀部丰满，具有良好的肉用体型（彩图 13）。

（2）生产性能　波尔羊产肉性能和胴体品质均较好。南非的波尔山羊，羔羊初生重平均为 4.2 千克；成年公羊体重为 80～100 千克，母羊为 60～75 千克；澳大利亚波尔山羊成年公羊体重为 105～135 千克，母羊为 90～100 千克。南非波尔山羊 100 日龄断奶体重，公羔体重平均为 32.3 千克，母羔为 27.8 千克；澳大利亚波尔山羊公羔体重平均为 25.6 千克，日增重 200 克以上。8～10 月龄屠宰率为 48%，1 岁至成年可达 50%～60%。肉质细嫩，风味良好。母羊性成熟早，8 月龄即可配种产羔。可全年发情，但以秋季为主。在自然放牧条件下，50% 以上母羊产双羔，5%～15% 产 3 羔。泌乳力高，每天产奶量约为 2.5 升。

2. 萨能奶山羊

萨能奶山羊原产于瑞士阿尔卑斯山区的柏龙县萨能山谷地带，是世界上最优秀的奶山羊品种之一，是奶山羊的代表型。现有的奶山羊品种几乎半数以上都程度不同的含有萨能奶山羊的血缘。现在几乎遍布全世界，我国主要集中在黄河中下游，以山西、山东、陕西、河北等地居多。

（1）外貌特征 具有典型的乳用家畜体型特征，后躯发达。被毛纯白色，偶有毛尖呈浅黄色。毛细而短，皮薄而柔软，皮肤呈肉色，多数羊无角有髯，有的有肉垂。母羊颈偏长，公羊颈粗壮。体格高大，头、颈、背腰、四肢较长，结构匀称，细致紧凑。姿势雄伟，体躯修长，尻部略斜，胸部宽广，肋骨拱圆，腹大而不下垂。蹄质坚实，呈蜡黄色。母羊乳房质地柔软，附着良好，呈方圆形（彩图14）。

（2）生产性能 成年公羊体重为75～100千克，最重可达120千克；母羊体重为50～65千克，最重可达90千克。母羊体重泌乳性能良好，泌乳期8～10个月，产奶量为600～1200千克。各国条件不同其产奶量差异较大，最高个体产奶记录为3430千克。产羔率一般为170%～180%，高者可达200%～220%。

3. 吐根堡奶山羊

吐根堡奶山羊原产于瑞士东北部圣加冷州的吐根堡盆地。由于能适应各种气候条件和放牧管理，体质结实，泌乳力高，风土驯化能力强，而被大量引入欧洲、美洲、亚洲、非洲及大洋洲的许多国家，进行纯种繁育和改良地方品种。我国在抗日战争前曾有外国人引入该种，1982年四川成都又引入少量该种，分别饲养在山西、四川等地，现除晋南有少量杂种外，别处无此种羊（彩图15）。

（1）外貌特征 体型与萨能羊相近，被毛呈浅或深褐色，有长毛种和短毛种2种类型。颜面两侧各有1条灰白条纹。公、母羊均有须，多数无角，四肢下部的白色“靴子”和浅色乳镜是该品种的典型特征。体格比萨能奶山羊略小。

（2）生产性能 成年公羊体重平均为99.3千克，母羊为59.9千克。泌乳期平均为287天，泌乳量为600～1200千克。各地产奶量有差异，最高个体产奶记录为3160千克。羊奶品质好、膻味小。吐根堡奶山羊体质健壮，遗传特性稳定，耐粗饲，耐炎热，比萨能羊更能适应舍饲，更适合南方饲养。

4. 努比亚奶山羊

努比亚奶山羊是世界著名的乳用山羊品种之一，原产于非洲东北部的埃及、苏丹及邻近的埃塞俄比亚、利比亚、阿尔及利亚等国，在英国、美国、印度、东欧及南非等国家及地区都有分布。20世纪80年代中后

期，我国广西马山县、四川简阳、湖北房县从英国和澳大利亚等国引入该品种饲养。努比亚奶山羊原产于干旱炎热地区，因而耐热性好，深受我国养殖户的喜爱。

（1）外貌特征　头较短小，鼻梁隆起，耳宽、长、下垂，颈长，肢长，体躯较短，公、母羊均无角无髯。毛色较杂，有暗红、棕红、黑色、灰色、乳白色以及各种斑块杂色，以暗红色居多，被毛细短、有光泽（彩图16）。

（2）生产性能　成年公羊体重为60~75千克，母羊为40~50千克。泌乳期为5~6个月，盛产期日产奶量为2~3千克，高的可达4千克以上，含脂率较高，为4%~7%。

5. 安哥拉山羊

安哥拉山羊是世界上最著名的毛用山羊品种。原产于土耳其首都安卡拉（旧称安哥拉）周围地区。安哥拉山羊毛长而有光泽，弹性大，且结实，国际市场上称之为“马海毛”，用于高级精梳纺，是羊毛中价格最昂贵的一种。1881年起土耳其皇室曾宣布禁止该山羊品种出口，但在此以前已被南非和美国引进，后又扩散到阿根廷、澳大利亚和俄罗斯等国家饲养。西欧一些国家引进则未培育成功。自1984年起，我国从澳大利亚引进该品种，目前主要饲养在内蒙古、山西、陕西、甘肃等省区。

（1）外貌特征　安哥拉山羊公母羊均有角。四肢短而端正，蹄质结实，体质较弱。被毛纯白，由波浪形毛辫组成，可垂至地面（彩图17）。

（2）生产性能　成年公羊体重为50~55千克，母羊为32~35千克。美国饲养的个体较大，公羊体重可达76.5千克。产毛性能高，被毛品质好，由两型毛组成，细度为40~46支，毛长为18~25厘米，最长达35厘米，呈典型的丝光。1年剪毛2次，每次毛长可达15厘米，成年公羊剪毛为5~7千克，母羊为3~4千克，最高剪毛量为8.2千克。羊毛产量以美国为最高，土耳其最低，净毛率为65%~85%。生长发育慢，性成熟迟，到3岁才发育完全。产羔率为100%~110%，少数地区可达200%。母羊泌乳力差。流产是繁殖率低的主要原因。由于个体小而产肉少。

第二节　我国主要绵羊品种

一、地方良种

1. 大尾寒羊

大尾寒羊主要分布在河南、河北、山东部分地区，产区为华北平原

的腹地。

（1）外貌特征 大尾寒羊头略显长、鼻梁隆起，耳大、下垂。产于山东、河北的公母羊均无角，产于河南的公母羊均有角。四肢粗壮，蹄质结实，被毛大部分为白色，杂色斑点较少。

（2）生产性能 具有一定的产毛能力，1 年产毛 2~3 次，毛被同质或基本同质，净毛率为 45%~63%。成年公羊体重平均为 72 千克，母羊为 52 千克；公羊脂尾重量为 15~20 千克，个别达 35 千克，母羊为4~6 千克，个别达 10 千克。

大尾寒羊早期生长速度快，具有屠宰率高，净肉率高，尾脂多等特点，特别是肉质鲜嫩、味美，羔羊肉深受消费者欢迎。此外，还具有较好的裘皮品质，所产羔皮和二毛皮品质好、洁白、弯曲度适中。母羊繁殖力强，常年发情配种，产双羔比例大。

2. 小尾寒羊

小尾寒羊主要分布于河北南部、河南东北部、山东西部，以及安徽、江苏北部，其中，山东西南地区的小尾寒羊质量最好、数量最多，现在已分布于全国 20 多个省、自治区和直辖市。

（1）外貌特征 被毛白色，少数有黑色或褐色并多集中于头、颈、四肢及蹄部的斑点、斑块。鼻梁隆起，耳大、下垂，公羊有螺旋状角，母羊多数有小角或角基。体躯高大结实，四肢较长，前后躯均较发达。脂尾椭圆形，下端有纵沟，一般在飞节以上。

（2）生产性能 小尾寒羊可年剪毛 2 次，公羊剪毛量平均为 3.5 千克，母羊为 2.1 千克，被毛为异质毛，净毛率平均为 63%。根据被毛纤维类型组成可分为细毛型、裘皮型和粗毛型。裘皮品质好。小尾寒羊生长发育快，产肉性能高。3 月龄羔羊体重平均为 16.8 千克，屠宰率平均为 50.6%。公母羊性成熟早，母羊 5~6 月龄即可发情配种、公羊 7~8 月龄可开始配种。母羊四季发情，一般 1 年产 2 胎或 2 年产 3 胎，多产双羔或 3 羔，年产羔率平均为 260%~270%。

3. 滩羊

滩羊主要分布于宁夏、甘肃、内蒙古、陕西和宁夏毗邻的地区。主产于宁夏银川附近各县，是我国独特的裘皮用绵羊品种，以生产滩羊二毛皮著称。

（1）外貌特征 滩羊为蒙古羊的亚型，其体型也近似蒙古羊。滩羊体格中等，体质结实。公羊有角，向外伸展，呈螺旋状；母羊一般无角

或有小角。鼻梁稍隆起，耳有大、中、小3种。胸深，背腰平直，四肢端正，蹄质结实。尾为脂尾，尾根部宽，逐渐向下变小，尾头细呈长锥形，且下垂过飞节。被毛体躯一般为白色，头部多为黑色、褐色或黑白相间斑块、被毛中有髓毛细长柔软，无髓毛含量适中，无干死毛，毛股明显，呈长毛辫状。滩羊羔初生时从头至尾部和四肢都长有较长的具有波浪形弯曲的结实毛股。随着日龄的增长和绒毛的增多，毛股逐渐变粗变长，花穗更为紧实美观。到1月龄左右宰剥的毛皮称为“二毛皮”。二毛期过后随着毛股的增长，花穗日趋松散，二毛皮的优良特性即逐渐消失（彩图18）。

（2）生产性能　滩羊具有良好的毛皮品质，1月龄左右屠宰所得的二毛皮品质好，花案美观，呈典型的“串”字花，毛股有5~7个弯曲，皮板弹性好，致密结实，厚度平均为0.7毫米，成品平均重为350克。滩羊每年产毛2次，公羊毛股自然长度为11.2厘米，母羊为9.8厘米，净毛率为65.0%。滩羊肉质细嫩，产肉性能好。放牧条件下，成年羯羊体重平均为60千克，屠宰率为45%。性成熟早，母羊多集中在8~9月发情，产羔率为101%~103%。

4. 湖羊

湖羊主产于浙江、江苏的环太湖地区，集中在浙江吴兴、嘉兴和江苏吴江等地，湖羊以初生羔羊美观的水波状花纹而著名，是我国特有的羔皮羊品种。

（1）外貌特征　被毛白色，少数羊的眼睑或四肢下端有黑色或黄褐色斑点，初生羔羊被毛呈美观的水波状花纹。头狭长，耳大而下垂，鼻梁隆起，公、母羊均无角。颈、躯干和四肢细长，肩、胸不够发达，背腰平直，后躯略高，尾呈扁圆形，尾尖上翘偏向一侧（彩图19）。

（2）生产性能　湖羊羔羊1~2日龄屠宰，所得皮板轻薄、毛色洁白如丝、扑而不散等，可加工染成不同颜色，在国际市场上享誉很高。成年羊毛被可分3种类型：绵羊型、沙毛型和中毛型，可织制粗呢和地毯。成年公羊体重平均为52千克，母羊为39千克；1岁公羊体重平均为35千克，母羊为26千克。成年湖羊屠宰率为40%~50%，肉质细嫩鲜美、无膻味。湖羊性成熟早，个别母羊3月龄发情，6月龄配种；成年母羊常年发情配种。除初产母羊外，一般每胎均在双羔以上，个别可达6~8羔，平均产羔率为245%。

5. 蒙古羊

蒙古羊是我国数量最多、分布最广的绵羊品种，属短脂尾羊，为我国三大粗毛绵羊品种之一。原产蒙古高原，主要分布在内蒙古。此外，东北、华北和西北各地也有不同数量的分布。

（1）外貌特征 蒙古羊在外形上一般表现为头形略显狭长，鼻梁隆起，耳大、下垂。公羊多数有角，呈螺旋形，角尖向外伸；母羊多无角或有小角。颈长短适中，胸深，背腰平直，四肢细长而强健。蒙古羊属短脂尾羊。尾长一般大于尾宽，尾尖卷曲呈“S”形。体躯毛被多为白色，头、颈和四肢则多有黑色或褐色斑块。蒙古羊可分牧区型和农区型2种。

（2）生产性能 蒙古羊毛被属异质毛。1年产毛2次，成年公羊年剪毛量为1.5～2.2千克，母羊为1～1.8千克。春毛毛丛长度为6.5～7.5厘米，净毛率平均为77.3%。蒙古羊以产肉为主，中等膘情羯羊屠宰率在50%以上，6月龄羯羔宰前体重平均为35.2千克，成年羯羊为67.6千克。蒙古羊繁殖率偏低，每年产1胎，大多单羔，双羔率低。

6. 藏绵羊

藏绵羊又称西藏羊，藏绵羊是我国古老的绵羊品种，数量多，分布广，是我国三大粗毛羊品种之一。主要分布于西藏和青海，四川、甘肃、云南和贵州等省也有分布。主要分为高原型和山谷型两大类。另外，在不同地区还分化出一些中间或独具特点的类型，如雅鲁藏布型、三江型、欧拉型、甘加型、乔科型、腾冲型和山地型等。

（1）外貌特征 高原型和山谷型藏绵羊的外貌特征有较大差异。高原型藏绵羊的突出特点是体质结实，体格高大，四肢端正较长，体躯近似方形。公、母羊均有角，公羊角大而粗壮，呈螺旋状向左右平伸；母羊角细而短，多数为螺锥状向外上方斜伸，鼻梁隆起，耳大而不下垂。前胸开阔，背腰平直，十字部稍高，紧贴臀部有扁锥形小尾。体躯被毛以白色为主，呈毛辫结构；山谷型藏绵羊的明显特点是体格小，结构紧凑，体躯呈圆桶状，颈稍长，背腰平直。头呈三角形。公羊多有角，短小，向后上方弯曲，母羊多无角。四肢矫健有力，善爬山远牧，被毛中普遍有干死毛，毛质较差。

（2）生产性能 高原型藏绵羊成年公、母羊平均体重分别为51千克、43千克，剪毛量分别为1.4～1.7千克和0.8～1.2千克。其羊毛的特点是毛纤维长，两型毛含量高，光泽和弹性好，强度大，两型毛和粗

毛较粗，绒毛比例适中，是纺制长毛绒和地毯的优质原料。1 年产 1 胎，大多产单羔。山谷型绵羊成年公、母羊平均体重分别为 19.7 千克和 18.6 千克，剪毛量分别为 0.6 千克和 0.5 千克，毛色杂。

7. 哈萨克羊

哈萨克羊原产于新疆天山北麓、阿尔泰山南麓及准格尔盆地。此外，在新疆及与甘肃、青海的交界地区也有少量分布，是我国三大粗毛羊品种之一。

（1）外貌特征　哈萨克羊鼻梁隆起，头中等大，耳大、下垂，公羊角粗大，母羊角小或无角，四肢高而结实，骨骼粗壮，肌肉发育良好，放牧能力强。被毛多为棕红色，尾根周围能沉积脂肪，形成脂臀。

（2）生产性能　哈萨克羊可春、秋两季各剪毛 1 次，公羊年均剪毛量为 2.6 千克，母羊为 1.9 千克，净毛率分别为 57.8% 和 68.9%。产肉性能良好，成年羯羊宰前体重平均为 49.1 千克，屠宰率为 47.6%，脂臀可达 2.3 千克。成年公羊体重平均为 60 千克，母羊为 45 千克。哈萨克羊性成熟早，大多 1.5 岁初配。一般 1 年产 1 胎，多数为单羔，双羔率低。

二、培育品种

1. 中国美利奴羊

中国美利奴羊简称中美羊。中国美利奴羊是我国在引入澳美羊的基础上培育成的首个毛用细毛羊品种。按育种场所在地区，分为新疆型、军垦型、科尔沁型和吉林型。该品种的羊毛产量和质量已达到国际同类细毛羊的先进水平，也是我国目前最为优良的细毛羊品种。目前主要分布在内蒙古、新疆、辽宁、河北、山东、吉林等省区。

（1）外貌特征　中国美利奴羊体质结实，体型呈长方形。公羊有螺旋形角，母羊无角，公羊颈部有 1～2 个皱褶或发达的纵皱褶。鬐甲宽平，胸宽深，背长直，尻宽而平，后躯丰满，膁部皮肤宽松。四肢结实，肢势端正。毛被呈毛丛结构，闭合性良好，密度大，全身被毛有明显大、中弯曲；头毛密且长，着生至眼线；毛被前肢着生至腕关节，后肢至飞节；腹部毛着生良好，呈毛丛结构（彩图 20）。

（2）生产性能　中国美利奴羊，成年公羊体重平均为 91.8 千克，母羊为 43.1 千克；中国美利奴羊具有良好的产毛性能，平均剪毛量，种公羊为16～18千克，种母羊为6.41千克；成年公羊毛长为11～12厘米，母羊毛长为9～10厘米，细度64～70支，以66支为主，净毛率50%以上。是高档的纺织原料。成年羯羊屠宰前体重平均为51.9千克，胴体重平均为22.94千克，净肉重平均为18.04千克，屠宰率为44.19%，净肉率为34.78%，产羔率为117%～128%。具有一定的产肉性能，成年羯羊宰前体重平均为51.9千克，屠宰率为44.1%。

2. 新疆细毛羊

新疆细毛羊原产于新疆伊犁地区，是我国育成的第一个毛肉兼用细毛羊品种。该品种适于干燥寒冷高原地区饲养，具有采食性好，生命力强，耐粗饲料等特点，已推广至全国各地。

（1）外貌特征 公羊大多有螺旋形大角，母羊无角，公羊颈部有1～2个完全或不完全的横皱褶，母羊颈部有1个横皱褶或发达的纵皱褶，体质结实，结构匀称，胸部开阔而深，被毛白色且闭合性良好，眼圈、耳、唇部皮肤有少量色斑，头部细毛覆盖至两眼连线，前肢至腕关节，后肢至飞节（彩图21）。

（2）生产性能 新疆细毛羊体型较大，公羊体重为85～100千克，母羊体重为47～55千克。具有一定的产肉性能，2.5岁羯羊宰前体重为65.6千克，屠宰率为46.8%。具有良好的产毛性能，成年公羊剪毛量平均为12.2千克，最高达21.2千克；母羊剪毛量为5.5千克，最高达11.7千克。全年放牧条件下，1岁公羊剪毛量为5.4千克，母羊为5千克。羊毛主体支数64支，油汗以乳白色和浅黄色为主。繁殖率中等，大多数集中在9～10月发情配种，经产羊产羔率为139%。

3. 东北细毛羊

东北细毛羊主要分布在辽宁、吉林、黑龙江三省的西北部平原地区和部分丘陵地区。1967年正式命名为东北毛肉兼用细毛羊，简称东北细毛羊。

（1）外貌特征 公羊有角，母羊无角，公羊颈部有1～2个横皱褶，母羊有发达的纵皱褶，被毛白色，细毛覆盖至两眼连线，前肢至腕关节，后肢至飞节（彩图22）。

（2）生产性能 成年公羊剪毛量平均为13.4千克，母羊为6.1千克，净毛率在40.0%以下，羊毛以60～64支为主，油汗以浅黄色和乳白色为主，公羊毛丛自然长度为9.3厘米，母羊为7.4厘米。成年公羊体重平均为83.7千克，母羊为45.4千克。具有一定的产肉性能，成年

羯羊屠宰率为 53.5%，公羊为 43.6%，母羊为 52.4%，当年公羊为 38.8%。经产羊产羔率为 125%。

4. 凉山半细毛羊

凉山半细毛羊主要集中在四川凉山州昭觉县、金阳县、布拖县等地，是在原有细毛羊与本地山谷型藏绵羊杂交改良的基础上，引进国外良种半细毛羊（边区莱斯特羊和林肯羊与之进行复杂杂交培育而成），该品种的育成结束了我国没有自己的半细毛羊品种的历史。

（1）外貌特征　公、母羊均无角，前额有一小撮绺毛。体质结实，胸部宽深，四肢坚实，具有良好的肉用体型。被毛白色同质、光泽强、匀度好，羊毛呈较大波浪形辫型毛丛结构，腹毛着生良好。

（2）生产性能　成年公羊体重可达 80 千克以上，母羊在 45 千克以上。剪毛量公羊为 6.5 千克，母羊为 4 千克。羊毛长度为 13 ~ 15 厘米，羊毛细度 48 ~ 50 支，净毛率为 66.7%。育肥性能好，6 ~ 8 月龄肥羔胴体重可达 30 ~ 33 千克，屠宰率为 50.7%。

凉山半细毛羊具有较强的适应性。在我国南方地区，海拔 2000 米左右的温暖湿润型农区和半农半牧区可进行放牧饲养或半放牧半舍饲饲养。

三、引进品种

杜泊羊原产于南非，是由有角陶赛特羊和波斯黑头羊杂交育成，是世界著名的肉用羊品种。

（1）外貌特征　根据其头颈的颜色，分为白头杜泊羊和黑头杜泊羊 2 种。无论是黑头杜泊羊还是白头杜泊羊，除了头部颜色和有关的色素沉着有不同，它们都携带相同的基因，具有相同的品种特点，杜泊绵羊品种标准同时适用于黑头杜泊羊和白头杜泊羊，是属于同一品种的两个类型。这两种羊体驱和四肢皆为白色，头顶部平直、长度适中，额宽，鼻梁微隆，无角或有小角根，耳小而平直，既不短也不过宽。颈粗短，肩宽厚，背平直，肋骨拱圆，前胸丰满，后躯肌肉发达。四肢强健而长度适中，肢势端正。整个身体犹如一架高大的马车。杜泊绵羊分长毛型和短毛型 2 个品系。长毛型羊生产地毯毛，较适应寒冷的气候条件；短毛型羊被毛较短（由发毛或绒毛组成），能较好地抗炎热和雨淋，在饲料蛋白质充足的情况下，杜泊羊不用剪毛，因为它的毛可以自由脱落杜泊羔羊生长迅速，断奶体重大。

（2）生产性能 杜泊羔羊生长迅速，断奶体重大，这一点是肉用绵羊生产的重要经济特性。3.5～4月龄的杜泊羊体重平均可达36千克，屠宰胴体约为16千克，成年公羊和母羊的体重分别在120千克和85千克左右。品质优良，羔羊平均日增重81～91克。杜泊羊高产，繁殖期长，不受季节限制。在饲料条件和管理条件较好的情况下，母羊可每年产2胎。一般产羔率能达到150%。

四、其他绵羊品种

其他绵羊品种见表2-1。

表2-1 其他绵羊品种

品种	产 地	主要外貌特征	主要生产性能
同羊	陕西渭南和咸阳地区	公、母羊均无角，耳大而薄，肋骨纤细，开张良好，被毛纯白，尾大如扇，有脂肪沉积，有长尾和短脂尾之分	每年可剪毛3次，但产量不高，羔皮品质好，有“珍珠皮”之美称，产肉性能良好，中等体况羯羊屠宰率为57.6%，脂尾可占体重的8.5%，肉质鲜美。母羊常年发情，2年产3胎，多产单羔，少产双羔
兰州大尾羊	甘肃省兰州市郊区	头中等大小，公、母羊均无角，胸宽深，背平直，脂尾肥大、方圆平展，被毛纯白	所产羊毛属异质毛，干死毛占17.5%。生长发育快，肉脂率高，成年羯羊宰前体重为52.5千克，屠宰率为63.1%。性成熟早，母羊常年发情，秋季居多，每年产1胎，产羔率平均为117%
乌珠穆沁羊	内蒙古锡林郭勒盟	头中等大小，公羊部分有角，母羊多数无角，体质结实，体格大，后躯发育良好，肉用体型明显，四肢粗壮，尾肥大，被毛白色而头颈黑色的个体居多	每年剪毛2次，为异质毛，干死毛占55%。早期生长发育快，断奶公羔体重达33.9千克，母羔为35.9千克，羯羔为38千克，脂尾可达3～5千克，最高达16千克。母羊泌乳性能好，羔羊早期生长发育快。每年产1胎，产羔率为100.4%

（续）

品种	产地	主要外貌特征	主要生产性能
和田羊	新疆南部	头部清秀，耳大、下垂，公羊大多有角，母羊约1/2无角，体格较小，体躯窄，背线与腹线平行，尾型变化大，毛色杂	春、秋两季各剪毛1次，成年公羊剪毛量平均为1.6千克，母羊为1.2千克，春毛品质优于秋毛。干死毛含量少，是优秀的地毯毛品种。产肉性能不高。母羊可全年发情，但大多数集中在4~5月和11月，产羔率为102.5%
贵德黑裘皮羊	青海省	属草地型西藏羊类型，毛色和皮肤均为黑色，公、母羊均有角，两耳下垂，体躯呈长方形，背平直，被毛分黑色、灰色和褐色	以生产黑色二毛皮著称，羔羊生后1月龄左右屠宰所得的二毛皮称为贵德黑紫羔皮，毛丛长度为4~7厘米，具有毛色纯黑、光泽悦目、毛股弯曲明显、花案美观等特点。公羊剪毛量平均为1.8千克，母羊为1.6千克，为异质毛。肉质细嫩，脂肪分布均匀，羯羊屠宰率为46%，母羊为43.4%。母羊发情集中在7~9月，产羔率为101%
内蒙古细毛羊	内蒙古锡林郭勒盟	公羊有角，母羊无角，公羊颈部有1~2个横皱褶，母羊有发达的纵皱褶，细毛覆盖至两眼连线，前肢至腕关节，后肢至飞节	成年公羊剪毛量平均为11千克，最高达17.5千克，母羊为5.5千克；公羊毛丛自然长度为8~9厘米，母羊为7.2厘米，羊毛主体支数64支，净毛率为36%~45%。成年羯羊宰前体重平均为80.8千克，屠宰率为48.5%，5月龄羯羔经放牧育肥体重可达39.2千克，屠宰率为44.1%。产羔率为110%~123%
甘肃高山细毛羊	甘肃	公羊有角，颈部有1~2个横皱褶，母羊无角，胸宽深，背平直，后躯丰满，细毛覆盖至两眼连线，前肢至腕关节，后肢至飞节，被毛纯白，密度中等	成年公羊剪毛量平均为8.5千克，母羊为4.4千克，公羊毛丛自然长度平均为8.2厘米，母羊为7.6厘米，羊毛主体支数64支，净毛率为43%~45%，油汗多为白色或乳白色。产肉和沉积脂肪能力良好，肉质鲜嫩、膻味小，终年放牧不补饲的羯羊宰前体重平均为57.6千克，屠宰率为50%，经产产羔率为113.2%

（续）

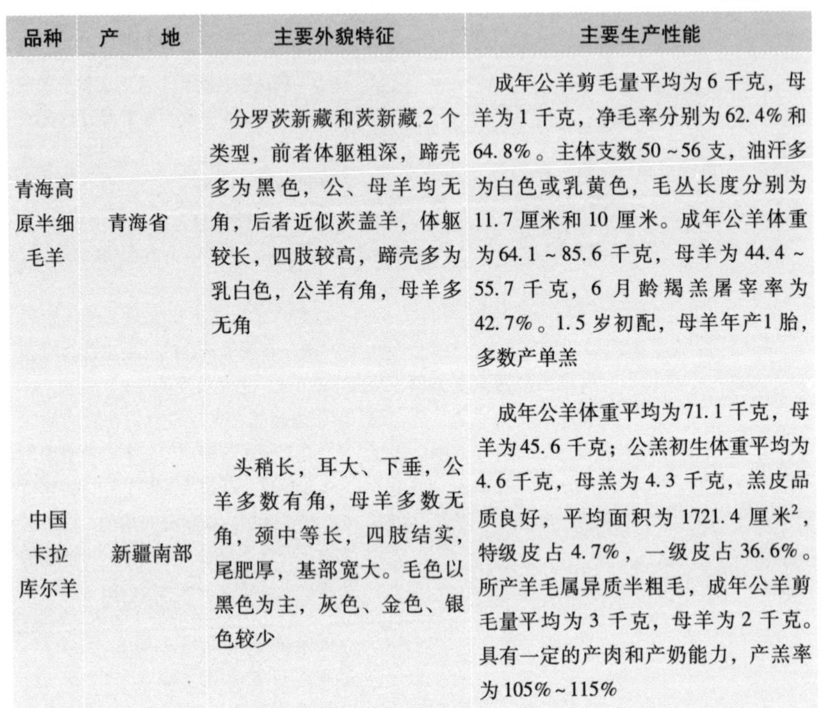

品种	产　地	主要外貌特征	主要生产性能
青海高原半细毛羊	青海省	分罗茨新藏和茨新藏 2 个类型，前者体躯粗深，蹄壳多为黑色，公、母羊均无角，后者近似茨盖羊，体躯较长，四肢较高，蹄壳多为乳白色，公羊有角，母羊多无角	成年公羊剪毛量平均为 6 千克，母羊为 1 千克，净毛率分别为 62.4% 和 64.8%。主体支数 50～56 支，油汗多为白色或乳黄色，毛丛长度分别为 11.7 厘米和 10 厘米。成年公羊体重为 64.1～85.6 千克，母羊为 44.4～55.7 千克，6 月龄羯羔屠宰率为 42.7%。1.5 岁初配，母羊年产1 胎，多数产单羔
中国卡拉库尔羊	新疆南部	头稍长，耳大、下垂，公羊多数有角，母羊多数无角，颈中等长，四肢结实，尾肥厚，基部宽大。毛色以黑色为主，灰色、金色、银色较少	成年公羊体重平均为71.1 千克，母羊为45.6 千克；公羔初生体重平均为 4.6 千克，母羔为 4.3 千克，羔皮品质良好，平均面积为 1721.4 厘米^2，特级皮占 4.7%，一级皮占 36.6%。所产羊毛属异质半粗毛，成年公羊剪毛量平均为 3 千克，母羊为 2 千克。具有一定的产肉和产奶能力，产羔率为 105%～115%

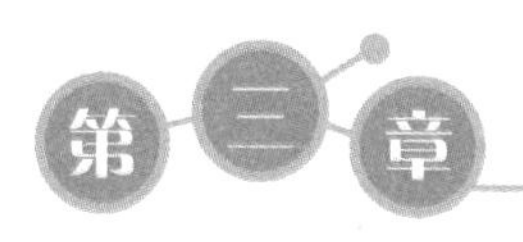

第三章 羊的营养与饲料

第一节 羊的饲养标准

羊的饲养标准又叫羊的营养需要量，它是绵羊和山羊维持生命活动和从事生产（乳、肉、毛、繁殖等）对能量和各种营养物质的需要量。各种物质，不但数量要充足，而且比例要恰当。长期以来，我国大多沿用苏联和欧美一些国家的标准。2004 年农业部实施了《肉羊饲养标准》（NY/T 816—2004），规定了肉用绵羊和山羊对日粮干物质进食量、消化能、代谢能、粗蛋白质、维生素、矿物质元素每天需要值。该标准适用于产肉为主，产毛、产绒为辅的绵羊和山羊品种。

一、肉用绵羊的饲养标准

各生产阶段肉用绵羊对干物质进食量和消化能、代谢能、粗蛋白质、钙、磷、食用盐的需要量见表 3-1 ~ 表 3-6，对硫、维生素 A、维生素 D、维生素 E 的添加量推荐值见表 3-7。

1. 生长肥育羔羊每日营养需要量

4 ~ 20 千克体重阶段：生长育肥绵羊羔羊不同日增重下日粮干物质进食量和消化能、代谢能、粗蛋白质、钙、总磷、食用盐需要量见表 3-1，对硫、维生素 A、维生素 D、维生素 E、微量矿物质元素的日粮添加量见表 3-7。

表 3-1 生长肥育羔羊营养需要量

体重/千克	增重/（千克/天）	日粮干物质进食量/（千克/天）	消化能/（兆焦/天）	代谢能/（兆焦/天）	粗蛋白质/（克/天）	钙/（克/天）	总磷/（克/天）	食用盐/（克/天）
4	0.1	0.12	1.92	1.88	35	0.9	0.5	0.6
	0.2	0.12	2.80	2.72	62	0.9	0.5	0.6
	0.3	0.12	3.68	3.56	90	0.9	0.5	0.6

（续）

体重/千克	增重/（千克/天）	日粮干物质进食量/（千克/天）	消化能/（兆焦/天）	代谢能/（兆焦/天）	粗蛋白质/（克/天）	钙/（克/天）	总磷/（克/天）	食用盐/（克/天）
6	0.1	0.13	2.55	2.47	36	1.0	0.5	0.6
	0.2	0.13	3.43	3.36	62	1.0	0.5	0.6
	0.3	0.13	4.18	3.77	88	1.0	0.5	0.6
8	0.1	0.16	3.10	3.01	36	1.3	0.7	0.7
	0.2	0.16	4.06	3.93	62	1.3	0.7	0.7
	0.3	0.16	5.02	4.60	88	1.3	0.7	0.7
10	0.1	0.24	3.97	3.60	54	1.4	0.75	1.1
	0.2	0.24	5.02	4.60	87	1.4	0.75	1.1
	0.3	0.24	8.28	5.86	121	1.4	0.75	1.1
12	0.1	0.32	4.60	4.14	56	1.5	0.8	1.3
	0.2	0.32	5.44	5.02	90	1.5	0.8	1.3
	0.3	0.32	7.11	8.28	122	1.5	0.8	1.3
14	0.1	0.4	5.02	4.60	59	1.8	1.2	1.7
	0.2	0.4	8.28	5.86	91	1.8	1.2	1.7
	0.3	0.4	7.53	6.69	123	1.8	1.2	1.7
16	0.1	0.48	5.44	5.02	60	2.2	1.5	2.0
	0.2	0.48	7.11	8.28	92	2.2	1.5	2.0
	0.3	0.48	8.37	7.53	124	2.2	1.5	2.0
18	0.1	0.56	8.28	5.86	63	2.5	1.7	2.3
	0.2	0.56	7.95	7.11	95	2.5	1.7	2.3
	0.3	0.56	8.79	7.95	127	2.5	1.7	2.3
20	0.1	0.64	7.11	8.28	65	2.9	1.9	2.6
	0.2	0.64	8.37	7.53	96	2.9	1.9	2.6
	0.3	0.64	9.62	8.79	128	2.9	1.9	2.6

注：1. 表中日粮干物质进食量（DMI）、消化能（DE）、代谢能（ME）、粗蛋白质（CP）、钙、总磷、食用盐需要量推荐数值参考自内蒙古自治区地方标准《细毛羊饲养标准》（DB15/T 30—1992）。

2. 日粮中添加的食用盐应符合 GB/T 5461—2016 中的规定。

2. 育成母羊每天营养需要量

25～50千克体重阶段：绵羊育成母羊日粮干物质进食量和消化能、代谢能、粗蛋白质、钙、总磷、食用盐需要量见表3-2，对硫、维生素A、维生素D、维生素E、微量矿物质元素的日粮添加量见表3-7。

表3-2　育成母绵羊营养需要量

体重/千克	增重/(千克/天)	日粮干物质进食量/(千克/天)	消化能/(兆焦/天)	代谢能/(兆焦/天)	粗蛋白质/(克/天)	钙/(克/天)	总磷/(克/天)	食用盐/(克/天)
25	0	0.8	5.86	4.60	47	3.6	1.8	3.3
	0.03	0.8	6.70	5.44	69	3.6	1.8	3.3
	0.06	0.8	7.11	5.86	90	3.6	1.8	3.3
	0.09	0.8	8.37	6.69	112	3.6	1.8	3.3
30	0	1.0	6.70	5.44	54	4.0	2.0	4.1
	0.03	1.0	7.95	6.28	75	4.0	2.0	4.1
	0.06	1.0	8.79	7.11	96	4.0	2.0	4.1
	0.09	1.0	9.20	7.53	117	4.0	2.0	4.1
35	0	1.2	7.95	6.28	61	4.5	2.3	5.0
	0.03	1.2	8.79	7.11	82	4.5	2.3	5.0
	0.06	1.2	9.62	7.95	103	4.5	2.3	5.0
	0.09	1.2	10.88	8.79	123	4.5	2.3	5.0
40	0	1.4	8.37	6.69	67	4.5	2.3	5.8
	0.03	1.4	9.62	7.95	88	4.5	2.3	5.8
	0.06	1.4	10.88	8.79	108	4.5	2.3	5.8
	0.09	1.4	12.55	10.04	129	4.5	2.3	5.8
45	0	1.5	9.20	8.79	94	5.0	2.5	6.2
	0.03	1.5	10.88	9.62	114	5.0	2.5	6.2
	0.06	1.5	11.71	10.88	135	5.0	2.5	6.2
	0.09	1.5	13.39	12.10	80	5.0	2.5	6.2

（续）

体重/千克	增重/（千克/天）	日粮干物质进食量/（千克/天）	消化能/（兆焦/天）	代谢能/（兆焦/天）	粗蛋白质/（克/天）	钙/（克/天）	总磷/（克/天）	食用盐/（克/天）
50	0	1.6	9.62	7.95	80	5.0	2.5	6.6
	0.03	1.6	11.30	9.20	100	5.0	2.5	6.6
	0.06	1.6	13.39	10.88	120	5.0	2.5	6.6
	0.09	1.6	15.06	12.13	140	5.0	2.5	6.6

注：1. 表中日粮干物质进食量（DMI）、消化能（DE）、代谢能（ME）、粗蛋白质（CP）、钙、总磷、食用盐需要量推荐数值参考自内蒙古自治区地方标准《细毛羊饲养标准》（DB15/T 30—1992）。

2. 日粮中添加的食用盐应符合 GB/T 5461—2016 中的规定。

3. 育成公羊每天营养需要量

20~70 千克体重阶段：绵羊育成公羊日粮干物质进食量和消化能、代谢能、粗蛋白质、钙、总磷、食用盐需要量见表3-3，对硫、维生素A、维生素D、维生素E、微量矿物质元素的日粮添加量见表3-7。

表3-3 育成公绵羊营养需要量

体重/千克	增重/（千克/天）	日粮干物质进食量/（千克/天）	消化能/（兆焦/天）	代谢能/（兆焦/天）	粗蛋白质/（克/天）	钙/（克/天）	总磷/（克/天）	食用盐/（克/天）
20	0.05	0.9	8.17	6.70	95	2.4	1.1	7.6
	0.10	0.9	9.76	8.00	114	3.3	1.5	7.6
	0.15	1.0	12.20	10.00	132	4.3	2.0	7.6
25	0.05	1.0	8.78	7.20	105	2.8	1.3	7.6
	0.10	1.0	10.98	9.00	123	3.7	1.7	7.6
	0.15	1.1	13.54	11.10	142	4.6	2.1	7.6
30	0.05	1.1	10.37	8.5	114	3.2	1.4	8.6
	0.10	1.1	12.20	10.00	132	4.1	1.9	8.6
	0.15	1.2	14.76	12.10	150	5.0	2.3	8.6

（续）

体重/千克	增重/（千克/天）	日粮干物质进食量/（千克/天）	消化能/（兆焦/天）	代谢能/（兆焦/天）	粗蛋白质/（克/天）	钙/（克/天）	总磷/（克/天）	食用盐/（克/天）
	0.05	1.2	11.34	9.30	122	3.5	1.6	8.6
35	0.10	1.2	13.29	10.90	140	4.5	2.0	8.6
	0.15	1.3	16.10	13.20	159	5.4	2.5	8.6
	0.05	1.3	12.44	10.20	130	3.9	1.8	9.6
40	0.10	1.3	14.39	11.80	149	4.8	2.2	9.6
	0.15	1.3	17.32	14.20	167	5.8	2.6	9.6
	0.05	1.3	13.54	11.10	138	4.3	1.9	9.6
45	0.10	1.3	15.49	12.70	156	5.2	2.9	9.6
	0.15	1.4	18.66	15.30	175	6.1	2.8	9.6
	0.05	1.4	14.39	11.80	146	4.7	2.1	11.0
50	0.10	1.4	16.59	13.60	165	5.6	2.5	11.0
	0.15	1.5	19.76	16.20	182	6.5	3.0	11.0
	0.05	1.5	15.37	12.60	153	5.0	2.3	11.0
55	0.10	1.5	17.68	14.50	172	6.0	2.7	11.0
	0.15	1.6	20.98	17.20	190	6.9	3.1	11.0
	0.05	1.6	16.34	13.40	161	5.4	2.4	12.0
60	0.10	1.6	18.78	15.40	179	6.3	2.9	12.0
	0.15	1.7	22.20	18.20	198	7.3	3.3	12.0
	0.05	1.7	17.32	14.20	168	5.7	2.6	12.0
65	0.10	1.7	19.88	16.30	187	6.7	3.0	12.0
	0.15	1.8	23.54	19.30	205	7.6	3.4	12.0
	0.05	1.8	18.29	15.00	175	6.2	2.8	12.0
70	0.10	1.8	20.85	17.10	194	7.1	3.2	12.0
	0.15	1.9	24.76	20.30	212	8.0	3.6	12.0

注：1. 表中日粮干物质进食量（DMI）、消化能（DE）、代谢能（ME）、粗蛋白质（CP）、钙、总磷、食用盐需要量推荐数值参考自内蒙古自治区地方标准《细毛羊饲养标准》（DB15/T 30—1992）。

2. 日粮中添加的食用盐应符合 GB/T 5461—2016 中的规定。

4. 育肥羊每天营养需要量

20～50千克体重阶段：舍饲育肥羊日粮干物质进食量和消化能、代谢能、粗蛋白质、钙、总磷、食用盐需要量见表3-4，对硫、维生素A、维生素D、维生素E、微量矿物质元素的日粮添加量见表3-7。

表3-4 育肥羊营养需要量

体重/千克	增重/(千克/天)	日粮干物质进食量/(千克/天)	消化能/(兆焦/天)	代谢能/(兆焦/天)	粗蛋白质/(克/天)	钙/(克/天)	总磷/(克/天)	食用盐/(克/天)
20	0.10	0.8	9.00	8.40	111	1.9	1.8	7.6
	0.20	0.9	11.30	9.30	158	2.8	2.4	7.6
	0.30	1.0	13.60	11.20	183	3.8	3.1	7.6
	0.45	1.0	15.01	11.82	210	4.6	3.7	7.6
25	0.10	0.9	10.50	8.60	121	2.2	2.0	7.6
	0.20	1.0	13.20	10.80	168	3.2	2.7	7.6
	0.30	1.1	15.80	13.00	191	4.3	3.4	7.6
	0.45	1.1	17.45	14.35	218	5.4	4.2	7.6
30	0.10	1.0	12.00	9.80	132	2.5	2.2	8.6
	0.20	1.1	15.00	12.30	178	3.6	3.0	8.6
	0.30	1.2	18.10	14.80	200	4.8	3.8	8.6
	0.45	1.2	19.95	16.34	351	6.0	4.6	8.6
35	0.10	1.2	13.40	11.10	141	2.8	2.5	8.6
	0.20	1.3	16.90	13.80	187	4.0	3.3	8.6
	0.30	1.3	18.20	16.60	207	5.2	4.1	8.6
	0.45	1.3	20.19	18.26	233	6.4	5.0	8.6
40	0.10	1.3	14.90	12.20	143	3.1	2.7	9.6
	0.20	1.3	18.80	15.30	183	4.4	3.6	9.6
	0.30	1.4	22.60	18.40	204	5.7	4.5	9.6
	0.45	1.4	24.99	20.30	227	7.0	5.4	9.6
45	0.10	1.4	16.40	13.40	152	3.4	2.9	9.6
	0.20	1.4	20.60	16.80	192	4.8	3.9	9.6
	0.30	1.5	24.80	20.30	210	6.2	4.9	9.6
	0.45	1.5	27.38	22.39	233	7.4	6.0	9.6

（续）

体重/千克	增重/（千克/天）	日粮干物质进食量/（千克/天）	消化能/（兆焦/天）	代谢能/（兆焦/天）	粗蛋白质/（克/天）	钙/（克/天）	总磷/（克/天）	食用盐/（克/天）
50	0.10	1.5	17.90	14.60	159	3.7	3.2	11.0
	0.20	1.6	22.50	18.30	198	5.2	4.2	11.0
	0.30	1.6	27.20	22.10	215	6.7	5.2	11.0
	0.45	1.6	30.03	24.38	237	8.5	6.5	11.0

注：1. 表中日粮干物质进食量（DMI）、消化能（DE）、代谢能（ME）、粗蛋白质（CP）、钙、总磷、食用盐需要量推荐数值参考自内蒙古自治区地方标准《细毛羊饲养标准》（DB15/T 30—1992）。

2. 日粮中添加的食用盐应符合 GB/T 5461—2016 中的规定。

5. 妊娠母羊每天营养需要量

不同妊娠阶段妊娠母羊日粮干物质进食量和消化能、代谢能、粗蛋白质、钙、总磷、食用盐需要量见表 3-5，对硫、维生素 A、维生素 D、维生素 E、微量矿物质元素的日粮添加量见表 3-7。

表 3-5 妊娠母羊营养需要量

妊娠阶段	体重/千克	日粮干物质进食量/（千克/天）	消化能/（兆焦/天）	代谢能/（兆焦/天）	粗蛋白质/（克/天）	钙/（克/天）	总磷/（克/天）	食用盐/（克/天）
前期①	40	1.6	12.55	10.46	116	3.0	2.0	6.6
	50	1.8	15.06	12.55	124	3.2	2.5	7.5
	60	2.0	15.90	13.39	132	4.0	3.0	8.3
	70	2.2	16.74	14.23	141	4.5	3.5	9.1
后期②	40	1.8	15.06	12.55	146	6.0	3.5	7.5
	45	1.9	15.90	13.39	152	6.5	3.7	7.9
	50	2.0	16.74	14.23	159	7.0	3.9	8.3
	55	2.1	17.99	15.06	165	7.5	4.1	8.7
	60	2.2	18.83	15.90	172	8.0	4.3	9.1
	65	2.3	19.66	16.74	180	8.5	4.5	9.5
	70	2.4	20.92	17.57	187	9.0	4.7	9.9
后期③	40	1.8	16.74	14.23	167	7.0	4.0	7.9
	45	1.9	17.99	15.06	176	7.5	4.3	8.3
	50	2.0	19.25	16.32	184	8.0	4.6	8.7

（续）

妊娠阶段	体重/千克	日粮干物质进食量/（千克/天）	消化能/（兆焦/天）	代谢能/（兆焦/天）	粗蛋白质/（克/天）	钙/（克/天）	总磷/（克/天）	食用盐/（克/天）
后期③	55	2.1	20.50	17.15	193	8.5	5.0	9.1
	60	2.2	21.76	18.41	203	9.0	5.3	9.5
	65	2.3	22.59	19.25	214	9.5	5.4	9.9
	70	2.4	24.27	20.50	226	10.0	5.6	11.0

注：1. 表中日粮干物质进食量（DMI）、消化能（DE）、代谢能（ME）、粗蛋白质（CP）、钙、总磷、食用盐每天需要量推荐数值参考自内蒙古自治区地方标准《细毛羊饲养标准》（DB15/T 30—1992）。

2. 日粮中添加的食用盐应符合 GB/T 5461—2016 中的规定。

① 指妊娠期的第 1 个月到第 3 个月。

② 指母羊怀单羔妊娠期的第 4 个月到第 5 个月。

③ 指母羊怀双羔妊娠期的第 4 个月到第 5 个月。

6. 泌乳母羊每天营养需要量

40～70 千克泌乳母羊的日粮干物质进食量和消化能、代谢能、粗蛋白质、钙、总磷、食用盐需要量见表 3-6，对硫、维生素 A、维生素 D、维生素 E、微量矿物质元素的日粮添加量见表 3-7。

表 3-6 泌乳母羊营养需要量

体重/千克	增重/（千克/天）	日粮干物质进食量/（千克/天）	消化能/（兆焦/天）	代谢能/（兆焦/天）	粗蛋白质/（克/天）	钙/（克/天）	总磷/（克/天）	食用盐/（克/天）
40	0.2	2.0	12.97	10.46	119	7.0	4.3	8.3
	0.4	2.0	15.48	12.55	139	7.0	4.3	8.3
	0.6	2.0	17.99	14.64	157	7.0	4.3	8.3
	0.8	2.0	20.50	16.74	176	7.0	4.3	8.3
	1.0	2.0	23.01	18.83	196	7.0	4.3	8.3
	1.2	2.0	25.94	20.92	216	7.0	4.3	8.3
	1.4	2.0	28.45	23.01	236	7.0	4.3	8.3
	1.6	2.0	30.96	25.10	254	7.0	4.3	8.3
	1.8	2.0	33.47	27.20	274	7.0	4.3	8.3

（续）

体重/千克	增重/（千克/天）	日粮干物质进食量/（千克/天）	消化能/（兆焦/天）	代谢能/（兆焦/天）	粗蛋白质/（克/天）	钙/（克/天）	总磷/（克/天）	食用盐/（克/天）
50	0.2	2.2	15.06	12.13	122	7.5	4.7	9.1
	0.4	2.2	17.57	14.23	142	7.5	4.7	9.1
	0.6	2.2	20.08	16.32	162	7.5	4.7	9.1
	0.8	2.2	22.59	18.41	180	7.5	4.7	9.1
	1.0	2.2	25.10	20.50	200	7.5	4.7	9.1
	1.2	2.2	28.03	22.59	219	7.5	4.7	9.1
	1.4	2.2	30.54	24.69	239	7.5	4.7	9.1
	1.6	2.2	33.05	26.78	257	7.5	4.7	9.1
	1.8	2.2	35.56	28.87	277	7.5	4.7	9.1
60	0.2	2.4	16.32	13.39	125	8.0	5.1	9.9
	0.4	2.4	19.25	15.48	145	8.0	5.1	9.9
	0.6	2.4	21.76	17.57	165	8.0	5.1	9.9
	0.8	2.4	24.27	19.66	183	8.0	5.1	9.9
	1.0	2.4	26.78	21.76	203	8.0	5.1	9.9
	1.2	2.4	29.29	23.85	223	8.0	5.1	9.9
	1.4	2.4	31.80	25.94	241	8.0	5.1	9.9
	1.6	2.4	34.73	28.03	261	8.0	5.1	9.9
	1.8	2.4	37.24	30.12	275	8.0	5.1	9.9
70	0.2	2.6	17.99	14.64	129	8.5	5.6	11.0
	0.4	2.6	20.50	16.70	148	8.5	5.6	11.0
	0.6	2.6	23.01	18.83	166	8.5	5.6	11.0
	0.8	2.6	25.94	20.92	186	8.5	5.6	11.0
	1.0	2.6	28.45	23.01	206	8.5	5.6	11.0
	1.2	2.6	30.96	25.10	226	8.5	5.6	11.0
	1.4	2.6	33.89	27.61	244	8.5	5.6	11.0
	1.6	2.6	36.40	29.71	264	8.5	5.6	11.0
	1.8	2.6	39.33	31.80	284	8.5	5.6	11.0

注：1. 表中日粮干物质进食量（DMI）、消化能（DE）、代谢能（ME）、粗蛋白质（CP）、钙、总磷、食用盐需要量推荐数值参考自内蒙古自治区地方标准《细毛羊饲养标准》（DB15/T 30—1992）。

2. 日粮中添加的食用盐应符合GB/T 5461—2016中的规定。

表 3-7　肉用绵羊对日粮硫、维生素、微量矿物质元素需要量（以干物质计）

体重阶段	生长羔羊	育成母羊	育成公羊	育肥羊	妊娠母羊	泌乳母羊	最大耐受浓度[①]
	4～20 千克	25～50 千克	20～70 千克	20～50 千克	40～70 千克	40～70 千克	
硫/(克/天)	0.24～1.2	1.4～2.9	2.8～3.5	2.8～3.5	2.0～3.0	2.5～3.7	—
维生素 A/(国际单位/天)	188～940	1175～2350	940～3290	940～2350	1880～3948	1880～3434	—
维生素 D/(国际单位/天)	26～132	137～275	111～389	111～278	222～440	222～380	—
维生素 E/(国际单位/天)	2.4～12.8	12～24	12～29	12～23	18～35	26～34	—
钴/(毫克/千克)	0.018～0.096	0.12～0.24	0.21～0.33	0.2～0.35	0.27～0.36	0.3～0.39	10
铜[②]/(毫克/千克)	0.97～5.2	6.5～13	11～18	11～19	16～22	13～18	25
碘/(毫克/千克)	0.08～0.46	0.58～1.2	1.0～1.6	0.94～1.7	1.3～1.7	1.4～1.9	50
铁/(毫克/千克)	4.3～23	29～58	50～79	47～83	65～86	72～94	500
锰/(毫克/千克)	2.2～12	14～29	25～40	23～41	32～44	36～47	1000
硒/(毫克/千克)	0.016～0.086	0.11～0.22	0.19～0.30	0.18～0.31	0.24～0.31	0.27～0.35	2
锌/(毫克/千克)	2.7～14	18～36	50～79	29～52	53～71	59～77	750

注：表中维生素 A，维生素 D，维生素 E 需要量数据参考自 NRC（1985）。维生素 A 的最低需要量：47 国际单位/千克体重，1 毫克 β-胡萝卜素效价相当于 681 国际单位维生素 A。维生素 D 的需要量：早期断奶羔羊最低需要量为 5.55 国际单位/千克体重；其他生产阶段绵羊对维生素 D 的最低需要量为 6.66 国际单位/千克体重；1 国际单位维生素 D 相当于 0.025 微克胆钙化醇。维生素 E 的需要量：体重低于 20 千克的羔羊对维生素 E 的最低需要量为 20 国际单位/千克干物质进食量；体重大于 20 千克的各生产阶段绵羊对维生素 E 的最低需要量为 15 国际单位/千克干物质进食量，1 国际单位维生素 E 效价相当于 1 毫克 DL-α-生育酚醋酸酯。

① 参考自 NRC（1985）提供的统计数据。

② 当日粮中钼含量大于 3.0 毫克/千克时，铜的添加量要在表中推荐值基础上增加 1 倍。

二、肉用山羊的饲养标准

1. 生长育肥山羊羔羊每天营养需要量

生长育肥山羊羔羊营养需要量见表3-8。15～30千克体重阶段育肥山羊消化能、代谢能、粗蛋白质、钙、总磷、食用盐需要量见表3-9。

表3-8　生长育肥山羊羔羊营养需要量

体重/千克	增重/(千克/天)	日粮干物质进食量/(千克/天)	消化能/(兆焦/天)	代谢能/(兆焦/天)	粗蛋白质/(克/天)	钙/(克/天)	总磷/(克/天)	食用盐/(克/天)
1	0	0.12	0.55	0.46	3	0.1	0.0	0.6
	0.02	0.12	0.71	0.60	9	0.8	0.5	0.6
	0.04	0.12	0.89	0.75	14	1.5	1.0	0.6
2	0	0.13	0.90	0.76	5	0.1	0.1	0.7
	0.02	0.13	1.08	0.91	11	0.8	0.6	0.7
	0.04	0.13	1.26	1.06	16	1.6	1.0	0.7
	0.06	0.13	1.43	1.20	22	2.3	1.5	0.7
4	0	0.18	1.64	1.38	9	0.3	0.2	0.9
	0.02	0.18	1.93	1.62	16	1.0	0.7	0.9
	0.04	0.18	2.20	1.85	22	1.7	1.1	0.9
	0.06	0.18	2.48	2.08	29	2.4	1.6	0.9
	0.08	0.18	2.76	2.32	35	3.1	2.1	0.9
6	0	0.27	2.29	1.88	11	0.4	0.3	1.3
	0.02	0.27	2.32	1.90	22	1.1	0.7	1.3
	0.04	0.27	3.06	2.51	33	1.8	1.2	1.3
	0.06	0.27	3.79	3.11	44	2.5	1.7	1.3
	0.08	0.27	4.54	3.72	55	3.3	2.2	1.3
	0.10	0.27	5.27	4.32	67	4.0	2.6	1.3
8	0	0.33	1.96	1.61	13	0.5	0.4	1.7
	0.02	0.33	3.05	2.5	24	1.2	0.8	1.7
	0.04	0.33	4.11	3.37	36	2.0	1.3	1.7
	0.06	0.33	5.18	4.25	47	2.7	1.8	1.7
	0.08	0.33	6.26	5.13	58	3.4	2.3	1.7
	0.10	0.33	7.33	6.01	69	4.1	2.7	1.7

（续）

体重/千克	增重/(千克/天)	日粮干物质进食量/(千克/天)	消化能/(兆焦/天)	代谢能/(兆焦/天)	粗蛋白质/(克/天)	钙/(克/天)	总磷/(克/天)	食用盐/(克/天)
10	0	0.46	2.33	1.91	16	0.7	0.4	2.3
	0.02	0.48	3.73	3.06	27	1.4	0.9	2.4
	0.04	0.50	5.15	4.22	38	2.1	1.4	2.5
	0.06	0.52	6.55	5.37	49	2.8	1.9	2.6
	0.08	0.54	7.96	6.53	60	3.5	2.3	2.7
	0.10	0.56	9.38	7.69	72	4.2	2.8	2.8
12	0	0.48	2.67	2.19	18	0.8	0.5	2.4
	0.02	0.50	4.41	3.62	29	1.5	1.0	2.5
	0.04	0.52	6.16	5.05	40	2.2	1.5	2.6
	0.06	0.54	7.90	6.48	52	2.9	2.0	2.7
	0.08	0.56	9.65	7.91	63	3.7	2.4	2.8
	0.10	0.58	11.40	9.35	74	4.4	2.9	2.9
14	0	0.50	2.99	2.45	20	0.9	0.6	2.5
	0.02	0.52	5.07	4.16	31	1.6	1.1	2.6
	0.04	0.54	7.16	5.87	43	2.4	1.6	2.7
	0.06	0.56	9.24	7.58	54	3.1	2.0	2.8
	0.08	0.58	11.33	9.29	65	3.8	2.5	2.9
	0.10	0.60	13.40	10.99	76	4.5	3.0	3.0
16	0	0.52	3.30	2.71	22	1.1	0.7	2.6
	0.02	0.54	5.73	4.70	34	1.8	1.2	2.7
	0.04	0.56	8.15	6.68	45	2.5	1.7	2.8
	0.06	0.58	10.56	8.66	56	3.2	2.1	2.9
	0.08	0.60	12.99	10.65	67	3.9	2.6	3.0
	0.10	0.62	15.43	12.65	78	4.6	3.1	3.1

注：1. 表中1～8千克体重阶段肉用山羊羔羊日粮干物质进食量（DMI）按每千克代谢体重0.07千克估算；体重大于10千克时，按中国农业科学院畜牧研究所2003年提供的公式计算获得：

$$DMI = (26.45 \times W^{0.75} + 0.99 \times ADG)/1000$$

式中　DMI——干物质进食量（千克/天）；

W——体重（千克）；

ADG——日增重（克/天）。

2. 表中代谢能（ME）、粗蛋白质（CP）数值参考自杨在宾等（1997）对青山羊数据资料。
3. 表中消化能（DE）需要量数值根据ME/0.82估算。
4. 表中钙需要量按表3-14中提供参数估算得到，总磷需要量根据钙、磷比为1.5∶1估算获得。
5. 日粮中添加的食用盐应符合GB/T 5461—2016中的规定。

第三章

表 3-9　育肥山羊营养需要量

体重/千克	增重/(千克/天)	日粮干物质进食量/(千克/天)	消化能/(兆焦/天)	代谢能/(兆焦/天)	粗蛋白质/(克/天)	钙/(克/天)	总磷/(克/天)	食用盐/(克/天)
15	0	0.51	5.36	4.40	43	1.0	0.7	2.6
	0.05	0.56	5.83	4.78	54	2.8	1.9	2.8
	0.10	0.61	6.29	5.15	64	4.6	3.0	3.1
	0.15	0.66	6.75	5.54	74	6.4	4.2	3.3
	0.20	0.71	7.21	5.91	84	8.1	5.4	3.6
20	0	0.56	6.44	5.28	47	1.3	0.9	2.8
	0.05	0.61	6.91	5.66	57	3.1	2.1	3.1
	0.10	0.66	7.37	6.04	67	4.9	3.3	3.3
	0.15	0.71	7.83	6.42	77	6.7	4.5	3.6
	0.20	0.76	8.29	6.80	87	8.5	5.6	3.8
25	0	0.61	7.46	6.12	50	1.7	1.1	3.0
	0.05	0.66	7.92	6.49	60	3.5	2.3	3.3
	0.10	0.71	8.38	6.87	70	5.2	3.5	3.5
	0.15	0.76	8.84	7.25	81	7.0	4.7	3.8
	0.20	0.81	9.31	7.63	91	8.8	5.9	4.0
30	0	0.65	8.42	6.90	53	2.0	1.3	3.3
	0.05	0.70	8.88	7.28	63	3.8	2.5	3.5
	0.10	0.75	9.35	7.66	74	5.6	3.7	3.8
	0.15	0.80	9.81	8.04	84	7.4	4.9	4.0
	0.20	0.85	10.27	8.42	94	9.1	6.1	4.2

2. 后备公山羊每天营养需要量

后备公山羊营养需要量见表 3-10。

表 3-10　后备公山羊营养需要量

体重/千克	增重/(千克/天)	日粮干物质进食量/(千克/天)	消化能/(兆焦/天)	代谢能/(兆焦/天)	粗蛋白质/(克/天)	钙/(克/天)	总磷/(克/天)	食用盐/(克/天)
12	0	0.48	3.78	3.10	24	0.8	0.5	2.4
	0.02	0.50	4.10	3.36	32	1.5	1.0	2.5
	0.04	0.52	4.43	3.63	40	2.2	1.5	2.6
	0.06	0.54	4.74	3.89	49	2.9	2.0	2.7
	0.08	0.56	5.06	4.15	57	3.7	2.4	2.8
	0.10	0.58	5.38	4.41	66	4.4	2.9	2.9

（续）

体重/千克	增重/(千克/天)	日粮干物质进食量/(千克/天)	消化能/(兆焦/天)	代谢能/(兆焦/天)	粗蛋白质/(克/天)	钙/(克/天)	总磷/(克/天)	食用盐/(克/天)
15	0	0.51	4.48	3.67	28	1.0	0.7	2.6
	0.02	0.53	5.28	4.33	36	1.7	1.1	2.7
	0.04	0.55	6.10	5.00	45	2.4	1.6	2.8
	0.06	0.57	5.70	4.67	53	3.1	2.1	2.9
	0.08	0.59	7.72	6.33	61	3.9	2.6	3.0
	0.10	0.61	8.54	7.00	70	4.6	3.0	3.1
18	0	0.54	5.12	4.20	32	1.2	0.8	2.7
	0.02	0.56	6.44	5.28	40	1.9	1.3	2.8
	0.04	0.58	7.74	6.35	49	2.6	1.8	2.9
	0.06	0.60	9.05	7.42	57	3.3	2.2	3.0
	0.08	0.62	10.35	8.49	66	4.1	2.7	3.1
	0.10	0.64	11.66	9.56	74	4.8	3.2	3.2
21	0	0.57	5.76	4.72	36	1.4	0.9	2.9
	0.02	0.59	7.56	6.20	44	2.1	1.4	3.0
	0.04	0.61	9.35	7.67	53	2.8	1.9	3.1
	0.06	0.63	11.16	9.15	61	3.5	2.4	3.2
	0.08	0.65	12.96	10.63	70	4.3	2.8	3.3
	0.10	0.67	14.76	12.10	78	5.0	3.3	3.4
24	0	0.60	6.37	5.22	40	1.6	1.1	3.0
	0.02	0.62	8.66	7.10	48	2.3	1.5	3.1
	0.04	0.64	10.95	8.98	56	3.0	2.0	3.2
	0.06	0.66	13.27	10.88	65	3.7	2.5	3.3
	0.08	0.68	15.54	12.74	73	4.5	3.0	3.4
	0.10	0.70	17.83	14.62	82	5.2	3.4	3.5

注：日粮中添加的食用盐应符合 GB/T 5461—2016 中的规定。

3. 妊娠期母山羊每天营养需要量

妊娠期母山羊营养需要量见表3-11。

表 3-11　妊娠期母山羊营养需要量

妊娠阶段	增重/(千克/天)	日粮干物质进食量/(千克/天)	消化能/(兆焦/天)	代谢能/(兆焦/天)	粗蛋白质/(克/天)	钙/(克/天)	总磷/(克/天)	食用盐/(克/天)
空怀期	10	0.39	3.37	2.76	34	4.5	3.0	2.0
	15	0.53	4.54	3.72	43	4.8	3.2	2.7
	20	0.66	5.62	4.61	52	5.2	3.4	3.3
	25	0.78	6.63	5.44	60	5.5	3.7	3.9
	30	0.90	7.59	6.22	67	5.8	3.9	4.5
1~90天	10	0.39	4.80	3.94	55	4.5	3.0	2.0
	15	0.53	6.82	5.59	65	4.8	3.2	2.7
	20	0.66	8.72	7.15	73	5.2	3.4	3.3
	25	0.78	10.56	8.66	81	5.5	3.7	3.9
	30	0.90	12.34	10.12	89	5.8	3.9	4.5
91~120天	15	0.53	7.55	6.19	97	4.8	3.2	2.7
	20	0.66	9.51	7.8	105	5.2	3.4	3.3
	25	0.78	11.39	9.34	113	5.5	3.7	3.9
	30	0.90	13.20	10.82	121	5.8	3.9	4.5
120天以上	15	0.53	8.54	7.00	124	4.8	3.2	2.7
	20	0.66	10.54	8.64	132	5.2	3.4	3.3
	25	0.78	12.43	10.19	140	5.5	3.7	3.9
	30	0.90	14.27	11.70	148	5.8	3.9	4.5

注：日粮中添加的食用盐应符合 GB/T 5461—2016 中的规定。

4. 泌乳期母山羊每天营养需要量

泌乳期母山羊营养需要量见表 3-12。泌乳后期母山羊营养需要量见表 3-13。山羊对常量矿物质元素每天的需要量见表 3-14，山羊对微量矿物质元素的每天需要量见表 3-15。

表 3-12 泌乳期母山羊营养需要量

体重/千克	增重/(千克/天)	日粮干物质进食量/(千克/天)	消化能/(兆焦/天)	代谢能/(兆焦/天)	粗蛋白质/(克/天)	钙/(克/天)	总磷/(克/天)	食用盐/(克/天)
10	0	0.39	3.12	2.56	24	0.7	0.4	2.0
	0.50	0.39	5.73	4.70	73	2.8	1.8	2.0
	0.75	0.39	7.04	5.77	97	3.8	2.5	2.0
	1.00	0.39	8.34	6.84	122	4.8	3.2	2.0
	1.25	0.39	9.65	7.91	146	5.9	3.9	2.0
	1.50	0.39	10.95	8.98	170	6.9	4.6	2.0
15	0	0.53	4.24	3.48	33	1.0	0.7	2.7
	0.50	0.53	6.84	5.61	31	3.1	2.1	2.7
	0.75	0.53	8.15	6.68	106	4.1	2.8	2.7
	1.00	0.53	9.45	7.75	130	5.2	3.4	2.7
	1.25	0.53	10.76	8.82	154	6.2	4.1	2.7
	1.50	0.53	12.06	9.89	179	7.3	4.8	2.7
20	0	0.66	5.26	4.31	40	1.3	0.9	3.3
	0.50	0.66	7.87	6.45	89	3.4	2.3	3.3
	0.75	0.66	9.17	7.52	114	4.5	3.0	3.3
	1.00	0.66	10.48	8.59	138	5.5	3.7	3.3
	1.25	0.66	11.78	9.66	162	6.5	4.4	3.3
	1.50	0.66	13.09	10.73	187	7.6	5.1	3.3
25	0	0.78	6.22	5.10	48	1.7	1.1	3.9
	0.50	0.78	8.83	7.24	97	3.8	2.5	3.9
	0.75	0.78	10.13	8.31	121	4.8	3.2	3.9
	1.00	0.78	11.44	9.38	145	5.8	3.9	3.9
	1.25	0.78	12.73	10.44	170	6.9	4.6	3.9
	1.50	0.78	14.04	11.51	194	7.9	5.3	3.9
30	0	0.90	6.70	5.49	55	2.0	1.3	4.5
	0.50	0.90	9.73	7.98	104	4.1	2.7	4.5
	0.75	0.90	11.04	9.05	128	5.1	3.4	4.5
	1.00	0.90	12.34	10.12	152	6.2	4.1	4.5
	1.25	0.90	13.65	11.19	177	7.2	4.8	4.5
	1.50	0.90	14.95	12.26	201	8.3	5.5	4.5

注：1. 泌乳前期指泌乳第 1～30 天。

2. 日粮中添加的食用盐应符合 GB/T 5461—2016 中的规定。

表 3-13　泌乳后期母山羊营养需要量

活体重/千克	泌乳量/(千克/天)	日粮干物质进食量/(千克/天)	消化能/(兆焦/天)	代谢能/(兆焦/天)	粗蛋白质/(克/天)	钙/(克/天)	总磷/(克/天)	食用盐/(克/天)
10	0	0.39	3.71	3.04	22	0.7	0.4	2.0
	0.15	0.39	4.67	3.83	48	1.3	0.9	2.0
	0.25	0.39	5.30	4.35	65	1.7	1.1	2.0
	0.50	0.39	6.90	5.66	108	2.8	1.8	2.0
	0.75	0.39	8.50	6.97	151	3.8	2.5	2.0
	1.00	0.39	10.10	8.28	194	4.8	3.2	2.0
15	0	0.53	5.02	4.12	30	1.0	0.7	2.7
	0.15	0.53	5.99	4.91	55	1.6	1.1	2.7
	0.25	0.53	6.62	5.43	73	2.0	1.4	2.7
	0.50	0.53	8.22	6.74	116	3.1	2.1	2.7
	0.75	0.53	9.82	8.05	159	4.1	2.8	2.7
	1.00	0.53	11.41	9.36	201	5.2	3.4	2.7
20	0	0.66	6.24	5.12	37	1.3	0.9	3.3
	0.15	0.66	7.20	5.90	63	2.0	1.3	3.3
	0.25	0.66	7.84	6.43	80	2.4	1.6	3.3
	0.50	0.66	9.44	7.74	123	3.4	2.3	3.3
	0.75	0.66	11.04	9.05	166	4.5	3.0	3.3
	1.00	0.66	12.63	10.36	209	5.5	3.7	3.3
25	0	0.78	7.38	6.05	44	1.7	1.1	3.9
	0.15	0.78	8.34	6.84	69	2.3	1.5	3.9
	0.25	0.78	8.98	7.36	87	2.7	1.8	3.9
	0.50	0.78	10.57	8.67	129	3.8	2.5	3.9
	0.75	0.78	12.17	9.98	172	4.8	3.2	3.9
	1.00	0.78	13.77	11.29	215	5.8	3.9	3.9
30	0	0.90	8.46	6.94	50	2.0	1.3	4.5
	0.15	0.90	9.41	7.72	76	2.6	1.8	4.5
	0.25	0.90	10.06	8.25	93	3.0	2.0	4.5
	0.50	0.90	11.66	9.56	136	4.1	2.7	4.5
	0.75	0.90	13.24	10.86	179	5.1	3.4	4.5
	1.00	0.90	14.85	12.18	222	6.2	4.1	4.5

注：1. 泌乳后期指泌乳第 31 ~70 天。

2. 日粮中添加的食用盐应符合 GB/T 5461—2016 中的规定。

表 3-14　山羊对常量矿物质元素每天的需要量

常量元素	维持/(毫克/千克体重)	妊娠/(克/千克胎儿)	泌乳/(克/千克产奶)	生长/(克/千克体重)	吸收率(%)
钙	20	11.5	1.25	10.7	30
总磷	30	6.6	1.0	6.0	65
镁	3.5	0.3	0.14	0.4	20
钾	50	2.1	2.1	2.4	90
钠	15	1.7	0.4	1.6	80
硫	0.16%~0.32%（以进食日粮干物质为基础）				—

注：1. 表中参数参考自 Kessler（1991）和 Haenlein（1987）资料信息。

2. 表中“—”表示暂无此项数据。

表 3-15　山羊对微量矿物质元素的每天需要量（以进食日粮干物质为基础）

微量元素	推荐量/(毫克/千克)
铁	30~40
铜	10~20
钴	0.11~0.2
碘	0.15~2
锰	60~120
锌	50~80
硒	0.05

注：表中推荐数值参考自 AFRC（1998），以进食日粮干物质为基础。

提示

饲养标准是根据科学试验结果，结合实际饲养经验制订的。标准仅供参考，不能生搬硬套。由于各地区羊的品种、体重大小、生产性能不同，饲养地的自然条件、饲养管理技术水平不同，羊机体对营养需求也不一样，应根据本地的生产实际对饲养水平酌情调整。

第二节　羊的常用饲料

我国习惯上是按饲料的来源、理化性状、饲料的营养成分和生产价值等条件，将饲料分为植物性饲料、动物性饲料、矿物质性饲料和其他添加剂饲料。因其不能反映出饲料的营养特性，1983 年我国根据国际饲料命名及分类原则，按饲料营养特性分为 8 大类，主要包括：粗饲料、青绿饲料、青贮饲料、能量饲料、蛋白质饲料、矿物质饲料、维生素饲料和添加剂饲料。

一、粗饲料

粗饲料主要包括干草类、农副产品类、树叶类和糟渣类等。粗饲料的来源广、种类多、价格低，是羊冬、春两季的主要饲料来源。一般农户饲喂少量的羊，可以直接把收集来的粗饲料进行加工调制之后混合精料饲喂羊。

1. 干草

青草在结籽实以前刈割下来，经晒干制成。优良的干草饲料中可消化粗蛋白质的含量应在 12% 以上，干物质损失 18% ~ 30% 。草粉是羊配合饲料的一种重要成分。它的含水量不得超过 12% 。

2. 秸秆类

可饲用的有稻草、玉米秸、麦秸、豆秸等。秸秆类饲料通常要搭配其他粗饲料混合粉碎饲喂。

3. 秕壳类

秕壳是农作物籽实脱壳后的副产品，营养价值的高低随加工程度的不同而不同。其中，大豆荚是羊的一种较好的粗饲料。

提示

有条件的可以把上述各种粗饲料进行混合青贮，既能提高这些粗饲料的适口性，又能增加粗饲料的消化率和营养价值。

二、青绿饲料

青绿饲料主要包括天然牧草、人工栽培牧草、叶菜类、根茎类、水生植物及菜叶瓜藤类饲料等。青绿饲料能较好地被羊利用，且品种齐全，具有来源广、成本低、采集方便、加工简单、营养全面等优点，其重要性甚至大于精、粗饲料。

青绿饲料的营养特性是含水量高，陆生植物的水分含量为75%～90%，而水生植物的水分含量大约在95%。青绿饲料的热能值低，每千克仅含消化能1250～2500千焦。因而，仅靠青绿饲料作为羊的日粮是难以满足其能量需要的，必须配合其他含能量较高的饲料组成日粮。一般禾本科牧草和蔬菜类饲料的粗蛋白质含量在1.5%～3%之间，含赖氨酸较多，因此，它可以补充谷物饲料中赖氨酸的不足。青绿饲料干物质中的粗纤维含量不超过30%，叶、菜类干物质中的粗蛋白质含量不超过15%，无氮浸出物含量为40%～50%。植物开花或抽穗之前，粗纤维含量较低。矿物质含量约占青绿饲料鲜重的1.5%～2.5%，可是它的钙磷比例较适宜。胡萝卜素在50～80毫克/千克，维生素B_6很少，缺乏维生素D。青干苜蓿中的维生素B_2含量为6.4毫克/千克，比玉米籽实高3倍。青绿饲料与由它调制的干草可长期单独组成羊的日粮。

注意

青绿饲料堆放时间长、保管不当，会发霉腐败，或者在锅里加热或煮后焖在锅里过夜，都会使青绿饲料亚硝酸盐含量大大增加，此时的青绿饲料不可再饲喂。

三、青贮饲料

青贮饲料是由含水分多的植物性饲料经密封、发酵后而成，主要用于喂养反刍动物。青贮饲料比新鲜饲料耐贮存，营养成分强于干饲料。青贮是调制和贮藏青绿饲料的有效方法，青贮饲料能有效地保存青绿植物的营养成分。青贮饲料的特点和加工方法详见第四章相关内容。

四、能量饲料

在绝对干物质中粗纤维含量低于18%，粗蛋白质含量低于20%的谷实类、糠麸类、草籽树实类、块根块茎瓜果等，一般每千克饲料绝对干物质中含消化能在10.46兆焦以上。

1. 谷实类饲料

含无氮浸出物约占干物质的71.6%～80.3%，其主要成分是淀粉。谷实类饲料中的赖氨酸与蛋氨酸含量不足，分别为0.31%～0.69%与0.16%～0.23%；谷实类饲料中含钙量低于0.1%，而磷的含量可达0.31%～0.45%，这种钙磷比例对任何动物都是不适宜的。

注意

在应用这类饲料时特别要注意钙的补充，必须与其他优质蛋白质饲料配合使用。

提示

粉碎的玉米如水分高于14%时，则不适宜长期贮存，时间长了容易发霉。在高粱中含有单宁，有苦味，在调制配合饲料中，色深者只能加到10%。

2. 糠麸类饲料

糠麸类饲料包括碾米、制粉加工主要副产品。常用糠麸类饲料有稻糠、麦麸、高粱糠、玉米糠和小米糠。

3. 块根块茎及瓜类饲料

这类饲料包括胡萝卜、甘薯、木薯、甜菜、甘蓝、马铃薯、菊芋块茎、南瓜等。根类、瓜类水分含量高达75%~90%。就干物质而言，无氮浸出物含量很高，达到67.5%~88.1%。南瓜中的核黄素含量高，而甘薯（地瓜）、南瓜中的胡萝卜素含量高。块根与块茎饲料中富含有钾盐。马铃薯块茎干物质中的80%左右是淀粉，可作为羊的能量饲料。

注意

绿色马铃薯和发芽的马铃薯含有龙葵素，动物吃了易中毒。刚收获的甜菜不宜马上投喂给羊吃，否则易引起下痢。

五、蛋白质饲料

蛋白质饲料是指干物质中粗纤维含量在18%以下，粗蛋白质含量在20%以上的饲料。包括植物性蛋白质饲料、动物性蛋白质饲料、饲料酵母及非蛋白氮饲料。

1. 植物性蛋白质饲料

它包括饼粕类饲料、豆科籽实及一些农副产品。饼粕类中常见的有大豆饼类、花生饼、芝麻饼、向日葵饼、胡麻饼、棉籽饼、菜籽饼等。

提示

大豆饼粕中有抗胰蛋白酶、血细胞凝集素、产生甲状腺肿的物质、皂素等有害物质，影响动物的适口性、消化性和一些生理过程，但它不耐热，在适当水分下经加热即可分解，有害作用即可消失，但如加热过度，会降低部分氨基酸的活性甚至破坏氨基酸。棉籽饼中含有棉酚，菜籽饼中含有芥子碱、硫甘和单宁等有害成分，在饲喂前一定要进行处理，而且要注意掌握用量，不可过多。

2. 动物性蛋白质饲料

它包括畜禽、水产副产品等。此类饲料蛋白质、赖氨酸含量高，但蛋氨酸含量较低。血粉虽然蛋白质含量高，但它缺乏异亮氨酸，异亮氨酸大约占干物质的 0.99%。灰分、B 族维生素含量高，尤其是维生素 B_2、维生素 B_{12} 含量很高。

3. 饲料酵母

饲料酵母属单细胞蛋白质饲料，常用啤酒酵母制成。饲料酵母的粗蛋白质含量为 50% ~ 55%，氨基酸组成全面，富含赖氨酸，蛋白质含量和质量都高于植物性蛋白质饲料，消化率和利用率也高。饲料酵母含有丰富的 B 族维生素，因此，在羊的配合饲料中使用饲料酵母可补充蛋白质和维生素，并可提高整个日粮的营养水平。

4. 非蛋白氮饲料

非蛋白氮饲料是指简单含氮化合物，如尿素、缩二脲和氨盐等。这些含氮化合物均可被瘤胃细菌用作合成菌体蛋白质的原料，其中以尿素应用最为广泛。由于尿素中氨释放的速度快，使用不正确易造成氨中毒，为此饲料中应当含有充分的可溶性糖和淀粉等容易发酵的物质。饲料中含非蛋白氮不超过饲料中所需蛋白质的20% ~ 35% 为宜，非蛋白氮的含量控制在 10% ~ 12% 之间，其具体应用要领如下：

1）将非蛋白氮饲料配制成高蛋白质饲料，如将其制成凝胶淀粉尿素或氨基浓缩物，用以降低氨的释放速度。

2）将非蛋白氮（尿素）配制成混合料并将其制成颗粒料，其中尿素占混合料的 1% ~ 2% 为宜，若超过 3%，会影响到饲料的适口性，甚至可导致中毒事故的发生。

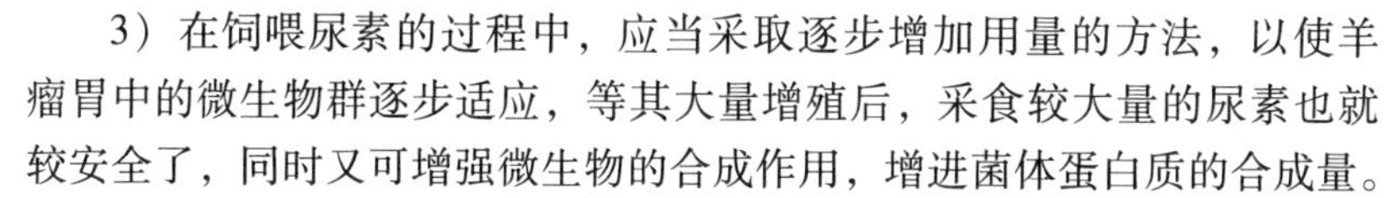

3）在饲喂尿素的过程中，应当采取逐步增加用量的方法，以使羊瘤胃中的微生物群逐步适应，等其大量增殖后，采食较大量的尿素也就较安全了，同时又可增强微生物的合成作用，增进菌体蛋白质的合成量。

4）可将添加了非蛋白氮饲料添加剂的混合料压制成舔砖，也可在青贮饲料或干草中添加尿素，还可在用碱处理秸秆时添加尿素。

5）在添加非蛋白氮时，不能同时饲喂含脲酶的饲料（如豆类、南瓜等）。饲喂半小时内不能饮水，更不能将非蛋白氮溶解在水里后供给羊。

6）饲喂含非蛋白氮饲料添加剂的饲料时，应将非蛋白氮饲料添加剂（如尿素）在饲料中充分搅拌均匀，并分次来喂羊。

7）若发生氨中毒，当立即用2%～3.5%醋酸溶液进行灌服，或采取措施将瘤胃中的内容物迅速排空解毒。

六、矿物质饲料

动植物饲料中虽含有一定量的矿物质，但对舍饲条件下的羊常不能满足其生长发育和繁殖等生命活动的需要。因此，应补以所需的矿物质饲料。

1. 常量矿物质饲料

常用的有食盐、石粉、蛋壳粉、贝壳粉和骨粉等。

2. 微量矿物质饲料

常用的有氯化钴、硫酸铜、硫酸锌、硫酸亚铁和亚硒酸钠等。在添加时，一定要均匀搅拌配合到饲料中。

七、维生素饲料

维生素饲料是指工业合成或由天然原料提纯精制（或高浓缩）的各种单一维生素或复合维生素制剂或由其产生的复合维生素制剂，不包括某项维生素含量较多的如胡萝卜、松针粉等天然饲料。

维生素按其溶解性可分为脂溶性维生素和水溶性维生素2类。脂溶性维生素包括维生素A、维生素D、维生素E、维生素K；水溶性维生素常用的有B族维生素及维生素C。此外，肌醇和氨基苯甲酸等也属水溶性维生素。

维生素饲料主要用于对天然饲料中某种维生素的营养补充、提高动物抗病或抗应激能力、促进生长以及改善畜产品的产量和质量等。维生素的需要量随羊的品种、生长阶段、饲养方式、环境因素的不同而不同。各国饲料标准所确定的需要量为羊对维生素的最低需要量，是设计生产添加剂的基本依据。考虑到实际生产应用中许多因素的影响，饲粮中维生素的添加量都要在饲养标准所列需要量的基础上加“安全系数”。在某些维生素单体的供给量上常以2～10倍设计添加超量，以保证满足羊生长发育的真正需要。由于羊的品种、生产性能、饲料条件以及生产目的等方面的差异，在不同企业生产的维生素预混料中，含有各单体维生素的活性单位量有很大差异。

八、饲料添加剂

饲料添加剂是羊的配合饲料的添加成分，多指为强化基础日粮的营养价值、促进羊的生长发育、防治疾病，而加进饲料的微量添加物质。添加剂成分大体分为2类，即非营养添加剂和营养添加剂。非营养添加剂包括生长促进剂、着色剂、防腐剂等。营养添加剂包括维生素、矿物质、微量元素、工业生产的氨基酸等。

目前，我国用于饲料添加剂的氨基酸有蛋氨酸、赖氨酸、色氨酸、甘氨酸、丙氨酸和谷氨酸6种。其中以蛋氨酸和赖氨酸为主。在配合饲料中常用的是粉状DL-蛋氨酸和L-盐酸赖氨酸。

近几年来，各地用中草药代替青绿饲料喂动物较为普遍，中草药饲料添加剂无毒副作用和抗药性，而且资源丰富、来源广泛、价格便宜、作用广泛，它既有营养作用，又有防病治病的作用。

第三节 羊饲料的加工调制

试验研究与生产实践证明，对饲料进行加工调制，可明显地改善适口性，利于咀嚼，提高消化率和吸收率，提高生产性能，便于贮藏和运输。混合饲料的加工调制包括青绿饲料的加工调制、粗饲料的加工调制、能量饲料的加工调制。

一、青绿饲料的加工调制

青绿饲料含水分高，宜现采现喂，不宜贮藏和运输。只有制成青干草或干草粉后，才能长期保存。干草的营养价值取决于制作原料的种类、生长阶段和调制技术。一般豆科干草含较多的粗蛋白质，有效能值在豆科、禾本科和禾谷类作物干草间无显著差别。在调制过程中，一般调制时间越短养分损失越小。在自然干燥条件下晒制的干草，养分损失为15%～20%，在人工条件下调制的干草，养分损失仅为5%～10%，所含胡萝卜素多，为晒制的3～5倍。

调制干草的方法一般有2种：地面晒干法和人工干燥法。人工干燥法又有高温和低温2种方法。低温法是在45～50℃下于室内停放数小时，使青草干燥；高温法是在50～100℃的热空气中脱水干燥6～10秒，即可干燥完毕，一般植株温度不超过100℃，几乎能保存青草的全部营养价值。

二、粗饲料的加工调制

粗饲料质地坚硬，含纤维素多，其中木质素比例大，适口性差，利用率低，通过加工调制可使这些性状得到改善。

1. 物理处理

利用机械、水、热力等物理作用，改变粗饲料的物理性状，提高利用率。具体方法有以下几种：

（1）切短　使之有利于羊咀嚼，而且容易与其他饲料配合使用。

（2）浸泡　即在100千克温水中加入5千克食盐，将切短的秸秆分批在桶中浸泡，24小时后取出，可软化秸秆，提高秸秆的适口性，便于采食。

（3）蒸煮　将切短的秸秆于锅内蒸煮1小时，闷2～3小时即可。这样可软化纤维素，增加适口性。

（4）热喷　将秸秆、荚壳等粗饲料置于饲料热喷机内，用高温、高压蒸气处理1～5分钟后，立即放在常压下使之膨化。热喷后的粗饲料结构疏松，适口性好。羊的采食量和消化率均能提高。

2. 化学处理

化学处理就是用酸、碱等化学试剂处理秸秆等粗饲料，分解其中难以消化的部分，以提高秸秆的营养价值。

（1）氢氧化钠处理　氢氧化钠可使秸秆结构疏松，并可溶解部分难消化物质，而提高秸秆中有机物质的消化率。最简单的方法是将2%的氢氧化钠溶液均匀喷洒在秸秆上，经24小时即可饲喂。

（2）石灰液钙化处理　石灰液具有同氢氧化钠类似的作用，而且可补充钙质，更主要的是该方法简便，成本低。其方法是每100千克秸秆用1千克石灰、1～1.5千克食盐，加水200～250千克搅匀配好，把切碎的秸秆浸泡5～10分钟，然后捞出放在浸泡池的垫板上，熟化24～36小时后即可饲喂。

（3）碱酸处理　把切碎的秸秆放入1%氢氧化钠溶液中，浸泡好后，捞出压实，过12～24小时再放入3%盐酸中浸泡。捞出后沥干即可饲喂。

（4）氨化处理　用氨或氨类化合物处理秸秆等粗饲料，可软化植物纤维，提高粗纤维的消化率，增加粗饲料中的含氮量，改善粗饲料的营养价值。

3. 微生物处理

微生物处理就是利用微生物产生纤维素酶分解纤维素，以提高粗饲料的消化率。比较成功的方法有以下几种：

（1）EM处理法 EM是“有效微生物”的英文缩写，是由光合细菌、放线菌、酵母菌、乳酸菌等10个属80多种微生物复合培养而成。处理要点如下：

1）秸秆粉碎。可先将秸秆用铡草机铡短，然后在粉碎机内粉碎成粗粉。

2）配制菌液。取EM原液2000毫升，加糖蜜或红糖2千克、净水320千克，在常温下充分混合均匀。

3）菌液拌料。将配置好的菌液喷洒在1吨粉碎好的粗饲料上，充分搅拌均匀。

4）厌氧发酵。将混拌好的饲料一层层地装入发酵窖（池）内，随装随踩实。当料装至高出窖口30～40厘米时，上面覆盖塑料薄膜，再盖20～30厘米厚的细土，拍打严实，防止透气。少量发酵时，也可用塑料袋，其关键是压实，以创造厌氧环境。

5）开窖喂用。封窖后夏季5～10天，冬季20～30天即可开窖喂用。开窖时要从一端开始，由上至下，一层层喂用。窖口要封盖，防止阳光直射、泥土污物混入和杂菌污染。优质的发酵饲料具有苹果香味，酸甜兼具，经适当驯食后，羊即可正常采食。

（2）秸秆微贮法 发酵活杆菌是由木质纤维分解菌和有机酸发酵菌通过生物工程技术制备的高效复合杆菌剂，用来处理作物秸秆等粗饲料，效果较好。制作方法如下：

1）秸秆粉碎。将麦秸、稻草、玉米秸等粗饲料以铡草机切碎或粉碎机粉碎。

2）菌种复活。秸秆发酵活杆菌菌种每袋3克，可调制干秸秆1吨，或青秸秆2吨。在处理前，先将菌种倒入200毫升温水中充分溶解，然后在常温下放置1～2小时后使用，当天用完。

3）菌液配制。以每吨麦秸或稻草需要活菌制剂3克，食盐9～12千克（用玉米秸可将食盐降至6～8千克），水1200～1400千克的比例配制菌液，充分混合。

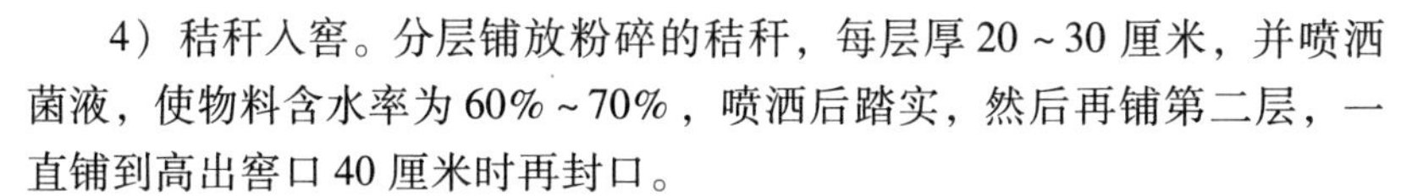

4）秸秆入窖。分层铺放粉碎的秸秆，每层厚 20～30 厘米，并喷洒菌液，使物料含水率为 60%～70%，喷洒后踏实，然后再铺第二层，一直铺到高出窖口 40 厘米时再封口。

5）封口。将最上面的秸秆压实，均匀洒上食盐，用量为每平方米 250 克，以防止上面的物料霉烂，最后盖塑料薄膜，往膜上铺 20～30 厘米厚的麦秸或稻草，最后覆盖厚 15～20 厘米的土，密封，进行厌氧发酵。

6）开窖和使用。封窖 21～30 天后即可喂用。发酵好的秸秆应具有醇香和果香酸甜味，手感松散，质地柔软湿润。取用时应先将上层泥土轻轻取下，从一端开窖，一层层取用，取后将窖口封严，防止雨水浸入和掉进泥土。开始饲喂时，羊可能不习惯，有 7～10 天的适应期。

三、能量饲料的加工调制

能量饲料的营养价值及消化率一般都较高，但是常常因为籽实类饲料的种皮、颖壳、内部淀粉粒的结构及某些混合精料中含有不良物质而影响了营养成分的消化吸收和利用。所以这类饲料喂前也应经一定的加工调制，以便充分发挥其营养物质的作用。

1. 粉碎

这是最简单、最常用的一种加工方法。经粉碎后的籽实便于咀嚼，并能增加饲料与消化液的接触面，使消化作用进行得更完全，从而提高饲料的消化率和利用率。

精饲料加工

2. 浸泡

将饲料置于池子或缸中，按 1:（1～1.5）的比例加入水。谷类、豆类、油饼类的饲料经浸泡后，会因吸收水分而变得膨胀柔软，更容易咀嚼，便于消化。而且浸泡后某些饲料的毒性和异味便减轻，从而提高适口性。但是浸泡的时间应掌握好，浸泡时间过长，会因养分被水溶解而造成损失，适口性也降低，甚至变质。

3. 蒸煮

马铃薯、豆类等饲料因含有不良物质不能生喂，必须蒸煮以解除毒性，同时还可提高适口性和消化率。蒸煮时间不宜过长，一般不超过 20 分钟。否则可引起蛋白质变性和某些维生素被破坏。

4. 发芽

谷实籽粒发芽后，可使一部分蛋白质分解成氨基酸，同时糖分、胡萝卜素、维生素E、维生素C及B族维生素的含量也大大增加。此法主要是在冬、春两季缺乏青绿饲料的情况下使用。方法是将准备发芽的籽实用30～40℃的温水浸泡一昼夜（可换水1～2次）。后把水倒掉，将籽实放在容器内，上面盖上一块温布（温度保持在15℃以上），每天早晚用15℃的清水冲洗1次，3天后即可发芽。在开始发芽但尚未盘根以前，最好翻转1～2次，一般经6～7天，芽长为3～6厘米时即可饲喂。

5. 制粒

制粒就是将配合饲料制成颗粒饲料。羊具有啃咬坚硬食物的特性，这种特性可刺激消化液分泌，增强消化道蠕动，从而提高对食物的消化吸收。将配合饲料制成颗粒，可使淀粉熟化；大豆和豆饼及谷物中的抗营养因子发生变化，减少对羊的危害；保持饲料的均质性，因而，可显著提高配合饲料的适口性和消化率，提高生产性能，减少饲料浪费；便于贮存、运输，同时还有助于减少疾病传播。颗粒饲料虽有诸多优点，但在加工时应注意以下几项影响饲喂效果的因素：

（1）原料粉粒的大小 制造羊用颗粒饲料所用的原料粉粒过大会影响羊的消化吸收，过小易引起肠炎。一般原料粉粒直径以1～2毫米为宜。其中添加剂的粒度以0.18～0.60毫米为宜，这样才有助于搅拌均匀和消化吸收。

（2）粗纤维含量 颗粒料所含的粗纤维以12%～14%为宜。

（3）水分含量 为防止颗粒饲料发霉，应控制水分，北方含水量低于14%，南方含水量低于12.5%。由于食盐具有吸水作用，在颗粒饲料中，其用量以不超过0.5%为宜。另外，在颗粒饲料中还加入1%的防霉剂丙酸钙，0.01%～0.05%的抗氧化剂丁基化羟基甲苯（BHT）或丁基化羟基氧基苯（BHA）。

（4）颗粒饲料的大小 制成的饲料颗粒直径应为4～5毫米，长应为8～10毫米，用此规格的颗粒饲料喂羊收效最好。

第四节 羊日粮配合

一、日粮配合的意义

传统养羊一般是以放牧或者放牧加补饲的方式为主，多以单一饲料或简单几种饲料混合喂羊，在规模化舍饲条件下，羊的饲料基本上是完全由人工供给，以传统的方法养羊是不能满足羊的营养需要的，饲料营

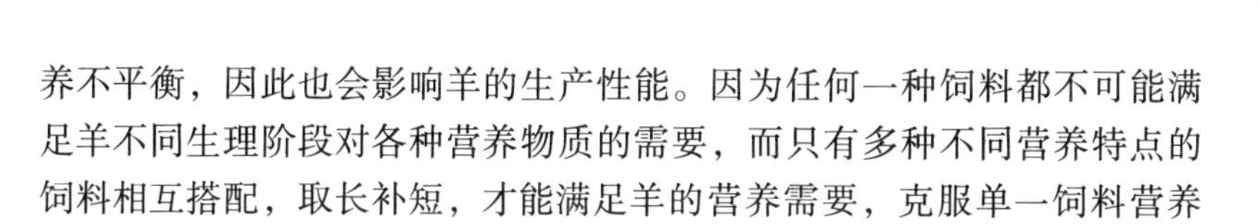

养不平衡，因此也会影响羊的生产性能。因为任何一种饲料都不可能满足羊不同生理阶段对各种营养物质的需要，而只有多种不同营养特点的饲料相互搭配，取长补短，才能满足羊的营养需要，克服单一饲料营养不全面的缺陷。

配合饲料就是根据不同品种、生理阶段、生产目的和生产水平等对营养的需要和各种饲料的有效成分含量，把多种饲料按照科学配方配制而成的全价饲料。利用配合饲料喂羊，能最大限度地发挥羊的生产潜力，提高饲料利用率，降低成本，提高效率。

提示

虽然羊的全价饲料具有营养需要量和饲料营养价值表的科学依据，但是这两方面都仍在不断研究和完善过程中。因此，应用现有的资料配制的全价饲料应通过实践检验，根据实际饲养效果因地制宜地做些修正。

二、日粮配合的一般原则

1. 因羊制宜

要根据羊的不同品种、性别、生理阶段，参照营养标准及饲料成分表进行配制，还要根据实际情况不断调整，不可照搬饲养标准，也不可让所有的羊都吃一种料。即使是同一品种，不同生理阶段、不同季节的羊的饲料应有所变化。而同一品种和同一生产阶段，不同生产性能的羊的饲料同样也应有所不同。

2. 因时制宜

配方要根据季节和天气情况而灵活设计。在农村，夏、秋两季青绿饲料可充足供应时，只要设计混合精料补充料即可；而在冬、春两季，青绿饲料缺乏，在设计配方时，应增补维生素，并适当补喂多汁饲料；在多雨季节应适当增加干料；在季节交替时，饲料应逐渐过渡等。

3. 适口性

一组营养较全面而适口性不佳的饲料，也不能说是好饲料。适口性的好坏直接影响到羊的采食量，适口性好的饲料羊就爱吃，就可提高饲养效果；如果适口性不好，即使饲料的营养价值很高，也会降低其饲养效果。因此，在设计配方时，应熟悉羊的喜好，选用合适的饲料原料。羊喜吃味甜、微酸、微辣、多汁、香脆的植物性饲料；不爱吃有腥味、干粉状和有其他异味（如霉味）的饲料。

4. 多样性

多样性即“花草花料”，防止单一。羊对营养的需求是多方面的，任何一种饲料都不可能满足羊的全部营养需要。因而应该尽量选用多种饲料合理搭配，以实现营养的互补，一般不应少于3~5种。

5. 廉价性

选择饲料种类，要立足当地资源。在保证营养全价的前提下，尽量选择那些当地生产、数量大、来源广、容易获得、成本低的饲料种类。要特别注意开发当地的饲料资源，如农副产品下脚料（酒糟、醋糟、粉渣等）。

6. 安全性

选择任何饲料，都应对羊无毒无害，符合安全性的要求。在此强调，青绿饲料及果树叶，要防止农药污染；有毒饼类（如棉饼、菜籽饼等）要脱毒处理，在未脱毒或脱毒不彻底的情况下，要限量使用；块根块茎类饲料应无腐烂；其他混合精料如玉米、麸皮等应避免受潮发霉；选用药渣如土霉素渣、四环素渣、林可霉素渣等要保证质量，并限量使用，一般在育肥后期停用。

三、日粮配合的步骤

1. 查羊的饲养标准

根据欲配制饲料的羊的不同生理阶段查相关饲养标准，确定欲配合日粮的羊群的营养需要量，并列出所用饲料的养分含量表。

2. 确定各类粗饲料的喂量

粗饲料是羊日粮中的主体，配合日粮时应根据当地粗饲料的来源、品质及价格，最大限度地选用粗饲料。一般粗饲料的干物质含量占体重的2%~3%，或总干物质采食量的70%~80%应来自粗饲料，在粗饲料中最好有2/3为青绿饲料和青贮饲料，实际计算时可按3千克青绿饲料或青贮饲料相当于1千克青干草或干秸秆的比例进行折算。

3. 计算应由精料提供的养分量

每天的总营养需要与各类粗饲料所提供的养分之差，便需由精料来满足。

4. 确定混合精料的配合比例及数量

根据经验草拟一个配方，再按照试差法、十字交叉法或联立方程法

对不足或过剩的养分进行调整。

5. 检查、调整与验证

上述步骤完成之后，将所有饲料提供的各种养分进行总和，如果实际提供量与其需要量之比在95%～105%之间，说明配方合理。如超出此范围，可按前面所讲的方法，适当调整个别精料的用量，以充分满足其需要。

6. 计算精料补充料配方

求出全日粮型日粮配方后，应求出精料补充料的配方，以便生产配合饲料。

四、羊日粮配方设计示例

用青贮玉米、干燥牧草、玉米、高粱等为平均体重在25～30千克的育成及空怀母羊配合日粮。

1. 查饲养标准

列出羊相关生理阶段的营养需要量和拟用饲料的养分含量表（表3-16和表3-17）。

表3-16 育成及空怀母羊营养需要

体重/千克	风干饲料/千克	消化能/兆焦	粗蛋白质/克	钙/克	磷/克	食盐/克
25～30	1.2	13.4	90	4	3	8

表3-17 拟用饲料养分含量表

饲料名称	饲料干物质含量（%）	消化能/（兆焦/千克）	粗蛋白质（%）	钙（%）	磷（%）	食盐（%）
干燥牧草	85.2	9.22	8	0.48	0.36	—
青贮玉米	22.7	9.9	7	0.44	0.26	—
玉米	88.4	16.36	9.7	0.09	0.24	—
高粱	89.3	15.04	9.7	0.10	0.41	—
食盐	100	—	—	—	—	100

2. 确定各类粗饲料的喂量

干燥牧草干物质占总干物质的25%，即用（1.2×25%）千克＝0.3千克，青贮饲料占一半，即（1.2×50%）千克＝0.6千克。

3. 计算粗饲料可提供的养分量和应由精料补充的养分量

根据表3-17中两种粗饲料的养分含量与饲料干物质供应量（干燥牧草干物质0.3千克、青贮玉米干物质0.6千克），计算出粗饲料可提供的养分量（表3-18）。

表3-18　粗饲料已供养分量及需要由精饲料补充的养分量

项　目	饲料干物质供应量/千克	消化能/兆焦	粗蛋白质/克	钙/克	磷/克
需要量	1.2	13.4	90	4	3
干燥牧草	0.3	2.8	24	1.44	1.08
青贮玉米	0.6	5.9	42	2.64	1.56
粗饲料之和	0.9	8.7	66	4.08	2.64
应由精料补充*	0.3	4.7	24	余0.08	0.36

注：*养分总需要量与已供养分量之差，即为应由精料补充的养分量。

4. 初步拟定一个精料补充料配方并检查、调整、验证

根据经验，先初步拟定一个精料补充料配方，假设基本精料含玉米71%、高粱26.5%、食盐2.5%。将上述基本精料代入，求各精料的供给量（即上述比例与0.3千克的总精料干物质供量之积）和精料可供养分量（精料供量与养分含量之积），与应由精料补充的养分量进行对比，检验余缺（表3-19）。从表上可看出，粗蛋白质余4.3克、在允许范围95%~105%之间；钙磷比例为4.35∶3.47，在（1~2）∶1的范围内；消化能和食盐与标准平衡。

表3-19　初拟精料养分供应量

饲　料	饲料干物质含量/千克	能量/兆焦	粗蛋白质/克	钙/克	磷/克	食盐/克
玉米71%	0.213	3.5	20.6	0.19	0.51	0
高粱26.5%	0.079	1.2	7.7	0.08	0.32	0
食盐2.5%	0.008	—	—	—	—	0.008
精料合计100%	0.3	4.7	28.3	0.27	0.83	0.008
应由精料补充（表3-18）	0.3	4.7	24	余0.08	0.36	0.008
余缺	0	0	余4.3	余0.08	余0.47	0

5. 计算精料补充料配方

为了便于实际饲喂和生产精料补充料，应将上述各种饲料的干物质喂养量换算成饲养状态时的喂量（干物质量/饲喂态时干物质含量），并计算出精料补充料的配合比例。为了补偿饲喂和采食过程中的浪费，一般按设计量多提供10%的粗饲料，即每天每只分别投喂0.385千克野干草和2.9千克青贮玉米。精料补充料可按表3-20中的比例进行配制，投喂量为0.337千克（饲喂态各种精料之和）。该日粮中的精料为0.3千克，粗饲料为0.9千克。日粮精、粗比例为1∶3。至此，该日粮的配合工作已全部完成。

表3-20　日粮组成

项　　目	采食量（干物质）/千克	采食量（饲喂态）/千克	精料组成（%）
野干草	0.3	0.35	—
青贮玉米	0.6	2.64	—
玉米	0.213	0.241	71
高粱	0.079	0.088	26.5
食盐	0.008	0.008	2.5

五、羊全混合日粮（TMR）

1. TMR概述

TMR（Total Mixed Ration）是全混合日粮的缩写，是指根据饲料配方，将各原料成分均匀混合而成的一种营养均衡的日粮。

羊TMR是一种将粗料、精料、矿物质、维生素和其他添加剂充分混合，能够提供足够的营养以满足羊需要的饲养技术。TMR饲养技术在配套技术措施和性能优良的TMR机械的基础上能够保证羊每采食一口日粮都是精粗比例稳定、营养浓度一致的全价日粮。全混合日粮能为羊提供全面稳定的营养，更有利于羊生产水平的提高。

除常规TMR饲料外，近年来还出现了发酵TMR饲料和TMR颗粒饲料2种新类型。

发酵全混合日粮（FTMR）是一种新型的TMR日粮，是指根据不同生长阶段肉羊的营养需要，按设计比例，将青贮、干草等粗饲料切割成一定长度，并和精饲料、各种矿物质、维生素等添加剂进行充分搅拌混合后，装入发酵袋内抽真空或通过其他方式创造一个厌氧的发酵环境，经过乳酸发酵的过程，最终调制成的一种营养相对平衡的日粮。发酵TMR不仅可以有效利用含水量高的农产品加工副产物，而且可以长期贮存、便于运输，开封后的好气安定性大大提高。这种发酵方式已经被欧洲各国、美国和日本等世界发达国家广泛认可和使用，在江苏、上海等省市也已经开始尝试使用这种发酵方式，并逐渐把它商品化。

TMR颗粒饲料是根据不同生长发育及生产阶段家畜的营养需求和饲养要求，按照科学的配方，用特制的搅拌机对日粮各组分进行均匀的混合。羊的颗粒料不同于单胃动物的颗粒料，粗纤维含量必须高于17%，才能保证瘤胃功能正常。制作肉羊TMR颗粒饲料时，粗饲料和精饲料要相互搭配，肥育羊精饲料比例可适当提高，繁殖母羊精粗比尽量在1∶3以内。

羊TMR颗粒饲料优点在于：①可进行工业化大规模生产，能突破现代规模舍饲的饲料瓶颈；②可有效地开发和充分利用农业和工业副产品，降低饲料成本；③可满足羊不同生长发育阶段的营养需求；④可提供营养均衡、精粗比适宜的日粮，有效地防止羊消化系统机能的紊乱；⑤可大大地降低投喂饲料饲草的劳动强度，提高生产效率。

2. TMR常见配方

羊TMR的配制需根据所饲喂羊的营养需要。首先，满足粗饲料的饲喂量，先选用几种主要的粗饲料，如青干草或青贮饲料；其次，确定补充饲料的种类和数量，一般是用混合精料来满足能量和蛋白质的不足部分；最后，用矿物质平衡日粮中钙、磷等矿物元素的需要量。

在实际生产中，青贮饲料和农作物秸秆仍是羊养殖的主要粗饲料来源，本部分将介绍以青贮玉米和农作物秸秆为主要粗饲料的常见TMR配方。

（1）以青贮玉米为主要粗饲料来源 见表3-21和表3-22。

表3-21 育肥绵羊全混合日粮推荐配方

原料名称	配比（%）	营养成分	含量
玉米	11.4	干物质	44.3%
菜粕	3.3	消化能	3.28兆卡/千克
麸皮	2.8	粗蛋白质	16.7%
青贮玉米	70	钙	0.96%
干花生藤	5	磷	0.60%

（续）

原料名称	配比（%）	营养成分	含　量
油菜秆	6	食盐	0.50%
尿素	0.5	—	—
预混料	1	—	—
合计	100	—	—

注：1 卡 =4.186 焦耳

表 3-22　育肥山羊全混合日粮推荐配方

原料名称	配比（%）	营养成分	含　量
玉米	12	干物质	45.5%
菜粕	4.5	消化能	3.47 兆卡/千克
麸皮	3	粗蛋白质	13.2%
青贮玉米	68	钙	1.10%
干花生藤	4.5	磷	0.64%
油菜秆	7	食盐	0.60%
预混料	1	—	—
合计	100	—	—

（2）以农作物秸秆为主要粗饲料来源的羊 TMR 配方　见表 3-23～表 3-28。

表 3-23　育肥山羊全混合日粮推荐配方

原料名称	配比（%）	营养成分	含　量
玉米	31	干物质	86.9%
菜籽饼	10	消化能	2.58 兆卡/千克
花生藤	30	粗蛋白质	11.8%
油菜秆	15	钙	1.73%
谷壳	10	磷	0.80%
预混料	1	食盐	0.55%
磷酸氢钙	2.5	—	—
食盐	0.5	—	—
合计	100	—	—

表 3-24 怀孕山羊全混合日粮推荐配方

原料名称	配比（%）	营养成分	含 量
玉米	28	干物质	87.2%
菜籽饼	14	消化能	2.59 兆卡/千克
花生藤	28	粗蛋白质	12.1%
油菜秆	17	钙	1.45%
谷壳	10	磷	0.62%
预混料	1	食盐	0.55%
磷酸氢钙	1.5	—	—
食盐	0.5	—	—
合计	100	—	—

表 3-25 哺乳山羊全混合日粮推荐配方

原料名称	配比（%）	营养成分	含 量
玉米	32	干物质	87.2%
豆粕	11.4	消化能	2.84 兆卡/千克
菜籽饼	8	粗蛋白质	14.8%
花生藤	24	钙	1.42%
油菜秆	15	磷	0.76%
谷壳	6	食盐	0.55%
预混料	1	—	—
磷酸氢钙	2.1	—	—
食盐	0.5	—	—
合计	100	—	—

表 3-26 育肥绵羊全混合日粮推荐配方

原料名称	配比（%）	营养成分	含 量
玉米	24	干物质	86.5%
豆粕	4.8	消化能	2.49 兆卡/千克
菜粕	6.2	粗蛋白质	15.77%
麸皮	4	钙	1.81%
花生壳	10	磷	0.82%
花生藤	32	食盐	0.54%
小麦秆	14	—	—

（续）

原料名称	配比（%）	营养成分	含量
尿素	1	—	—
预混料	1	—	—
磷酸氢钙	2.5	—	—
食盐	0.5	—	—
合计	100	—	—

表 3-27 怀孕绵羊全混合日粮推荐配方

原料名称	配比（%）	营养成分	含量
玉米	24	干物质	85.3%
豆粕	9	消化能	2.47 兆卡/千克
棉粕	2	粗蛋白质	15.73%
麸皮	4	钙	1.95%
花生藤	40	磷	0.64%
谷壳	8	食盐	0.54%
小麦秆	9	—	—
尿素	1	—	—
预混料	1	—	—
磷酸氢钙	1.5	—	—
食盐	0.5	—	—
合计	100	—	—

表 3-28 哺乳绵羊全混合日粮推荐配方

原料名称	配比（%）	营养成分	含量
玉米	24	干物质	86.1%
豆粕	3.7	消化能	2.64 兆卡/千克
棉粕	4.5	粗蛋白质	15.98%
麸皮	5.2	钙	1.68%
花生藤	36	磷	0.72%
玉米秸	22	食盐	0.54%
尿素	1	—	—
预混料	1	—	—
磷酸氢钙	2.1	—	—
食盐	0.5	—	—
合计	100	—	—

第三章

（3）TMR加工工艺 在生产中加工TMR时，需要使用TMR搅拌设备对各组成成分进行搅拌、切割和揉搓，使粗饲料、精饲料及微量元素按不同饲料阶段的营养需要充分混合，从而保证家畜所采食的每一口饲料都是精粗比例稳定、营养价值均衡的全价日粮。

1）普通TMR加工方法。首先，对原料进行预处理，如大型草捆应提前散开，牧草铡短、块根类冲洗干净。部分种类的秸秆应在水池中预先浸泡软化等。在TMR原料添加时应遵循先干后湿、先粗后细、先轻后重、先长后短的原则，添加顺序一般依次是干草、精料、辅助饲料、青贮、湿糟类等；一般情况下，最后一种饲料加入后搅拌5~8分钟即可，一个工作循环总用时为20~40分钟。添加过程中，防止铁器、石块、包装绳等杂质混入，造成搅拌机损伤。通常装载量占总容积的70%~80%为宜。

2）TMR颗粒饲料的加工方法。可将干秸秆用饲草粉碎机或秸秆粉碎机粉碎（粉碎机筛板孔径以4毫米板为宜），再将秸秆粉、精饲料及添加剂等混合均匀，通过制粒机制成颗粒饲料。推荐制粒粒径：羔羊料4毫米，育肥及成年羊料6毫米。也可将营养高的饲草和秸秆直接加工成草颗粒使用。

若羊场未配备全混合日粮搅拌设备时，可用人工全混合日粮配合。操作方法为：选择平坦、宽阔、清洁的水泥地，将每天或每吨的青贮饲料（秸秆）均匀摊开，后将所需精饲料均匀撒在青贮上面，再将已切短的干草摊放在精饲料上面，最后再将剩余的少量青贮饲料（秸秆）撒在干草上面；适当加水喷湿；人工上下翻动，直至混合均匀。如饲料量大也可用混凝土搅拌机代替。

（4）TMR饲喂方法 肉羊分群技术是实现TMR定量饲喂工艺的核心，分群的数目视羊群的生产阶段、羊群大小和现有的设施设备而定。需要注意以下几方面：

1）保证每圈羊的大小、体重相差不要太悬殊。个体大小、体重悬殊太大容易发生激烈地打斗、争抢、欺负等现象，明显影响羊能否正常发挥自身的生长速度和生长潜能；羊群密度不宜过疏或过密。过于稀疏，羊只运动量大，消耗体能也多，从而影响羊的生长速率；过于密集，会导致羊只拥挤，空气流动性差，易发生羊的眼疾病和呼吸道疾病，从而影响羊只的正常生长。

2）做好TMR水分监测。原料水分是决定TMR饲喂成败的重要因素

之一，每周至少检测 1 次原料水分。一般 TMR 水分含量以 35%～45% 为宜，过干或过湿都会影响羊群干物质的采食量。在实际生产中，可用手握法初步判定 TMR 水分含量是否符合标准：用手紧握不滴水，松开手后 TMR 蓬松且较快复原，手上湿润但没有水珠渗出则表明含水量适宜。

3）控制饲料投放间隔。使用全混合颗粒饲料日粮喂羊时，要注意投料的时间间隔，两餐喂料的时间不能间隔过长，以免羊因长时间饥饿后，短时间过度采食而伤胃或胀死。

利用青饲料制作 TMR 饲料并饲喂

利用青贮饲料制作 TMR 饲料并饲喂

第四章 饲料青贮

第一节 青贮的特点、原理

青贮是调制贮藏青绿饲料和秸秆饲草的有效技术手段。青贮技术本身并不复杂，只要明确其基本原理，掌握加工制作要点，就可以依各自需要，采用适当的方法制作适合自己要求规模的青贮饲料。

用青贮饲料喂羊，如同一年四季都能使羊采食到青绿多汁饲料一样，可使羊群常年保持高水平的营养状况和最高的生产力。农区采用青贮，可以更合理地利用大量秸秆；牧区采用青贮，可以更合理地利用天然草场资源。采用青贮饲料，摆脱了完全“靠天养羊”的困境。因为它可以保证羊群全年都有均衡的营养物质供应，是实现高效养羊生产的重要技术。国家对此项技术十分重视，近年来，在许多省区大力推广，获得了可观的效益。

一、青贮的特点

1. 青贮能有效地保存青绿植物的营养成分

青贮的特点是能有效地保存青绿植物中的蛋白质和维生素等营养成分。一般青绿植物在成熟或晒干后，营养价值降低 30%～50%，但经过青贮处理后，营养价值只降低 3%～10%。

2. 青贮能保持原料的鲜嫩汁液

干草含水量只有 14%～17%，而青贮饲料的含水量为 60%～70%，适口性好，消化率高。

3. 青贮可以扩大饲料来源

对于一些优质的饲草，羊并不喜欢采食，或不能利用，而经过青贮发酵，就可以变成羊喜欢采食的优质饲草，如向日葵、玉米秸等适口性稍差的饲草，青贮后不仅可以提高适口性，而且可软化秸秆，增加可食部分，提高饲草的利用率和消化率。苜蓿青贮后，大大提高了利用率，

减少了粉碎时的抛撒浪费，减少了粉碎用的机械和人力，还可以将叶片保留下来，提高可食比例，对羊的适口性亦有显著的提高。

4. 青贮是保存和贮藏饲料经济而安全的方法

青贮饲料占地面积小，每立方米可堆积青贮饲料450~700千克（干物质150千克），若改为干饲料堆放则只能达到70千克（干物质60千克）。只要青贮技术得当，青贮饲料可以长期保存，既不会因风吹日晒引起变质，也不会发生火灾等意外事故。例如，甘薯、胡萝卜、饲用甜菜等块根类青饲料采用窖贮，一般能保存几个月，而采用青贮方法则可以长期保存，既简单，又安全。

5. 青贮能起到杀菌、杀虫和消灭杂草种子的作用

除厌氧菌属外，其他菌属均不能在青贮饲料中存活，各种植物寄生虫及杂草种子在青贮过程中也被杀死或破坏。

6. 发酵、脱毒

青贮处理可以将菜籽饼、棉饼、棉秆等有毒植物及加工副产品的毒性物质脱毒，使羊能安全食用。采用青贮玉米秸秆与饲草混合贮藏的方法，可以有效地脱毒，提高其利用效率。

7. 青贮饲草是合理配合日粮及高效利用饲草资源的基础

在高效养羊生产体系中，要求饲草的合理配合与高效利用，日粮中60%~70%是经青贮加工的饲草。采用青贮处理，羊饲料中绝大部分的饲料品质得到了有效的控制，也有利于按配方、按需要和按生产性能供给全价日粮。饲草青贮后，既能大大降低饲草成本，也能满足养羊生产的营养需要。

二、青贮的生物学原理

1. 青贮饲料制作原理

青贮是在缺氧环境下，让乳酸菌大量繁殖，从而将饲料中的淀粉和可溶性糖变成乳酸，当乳酸积累到一定浓度后，抑制腐败菌等杂菌的生长，从而将青贮饲料的营养物质长时间保存下来。

青贮主要依靠厌氧的乳酸菌发酵作用，其过程大致可分为3个阶段：

第一阶段为有氧呼吸阶段，约3天。在青贮过程中原料本身有呼吸作用，以氧气为生存条件的菌类和微生物尚能生存，但由于压实、密封，氧的含量有限，氧很快被消耗完。

第二阶段为无氧发酵阶段，约10天。乳酸菌在有氧情况下惰性很大，而在无氧条件下非常活跃，产生大量的乳酸菌，保存青贮饲料不霉

烂变质。

第三阶段为稳定期。乳酸菌发酵，其他菌类被杀死或完全抑制，进入青贮饲料的稳定期。此时青贮饲料的 pH 为 3.8 ~4.0。

提示

青贮成败的关键是能否为乳酸菌创造一定的条件，以保证乳酸菌迅速繁殖，形成有利于乳酸发酵的环境和防止有害腐败过程的发生和发展。

2. 乳酸菌大量繁衍应具备的条件

（1）青贮饲料要有一定的含糖量 含糖量多的原料，如玉米秸秆和禾本科青草制作青贮饲料较好。若对含糖量少的原料进行青贮，则必须考虑添加一定量的糖源。

（2）原料的含水量适当 含水量以 65% ~75% 为宜，原料中含水量过多或过少，都将影响微生物的繁殖，必须加以调整。

（3）温度适宜 温度以 19 ~37℃为佳。制作青贮饲料尽可能在秋季进行，天气寒冷时效果较差。

（4）高度缺氧 将原料压实、密封、排除空气，以造成高度缺氧环境。

第二节 青贮原料

青贮饲料的来源十分广泛，它包括天然牧草，人工栽植的饲草、农作物秸秆，以及叶菜类、根茎类、水生植物类、树叶类等植物性饲料，具有来源广、成本低、易收集、易加工、营养比较全面等特点。

一、青贮原料应具备的条件

调制青贮饲料时必须设法创造有利于乳酸菌生长繁殖的条件，即原料应具有一定的含糖量、适宜的含水量、青贮原料的缓冲能力及厌氧环境，使之尽快产生乳酸。

1. 适宜的含糖量

适宜的含糖量是乳酸菌发酵的物质基础，原料含糖量的多少直接影响到青贮效果的好坏。一般而言，作物秸秆的干物质含糖量超过 6%，方可制成优质青贮饲料，含糖量过低时（低于 2%）则制不成优质青贮饲料，含糖量的高低因青贮原料不同而有差异，如玉米秸秆、高粱秸秆、禾本科牧草、南瓜、甘蓝等饲料含有较丰富的糖分，易于青贮，可以制

作单一青贮饲料，而苜蓿、三叶草等豆科牧草含糖分较低，不宜单独青贮，可与禾本科牧草按一定比例混贮，也可在青贮时添加3%~5%的玉米粉、麸皮或者米糠，以增加含糖量，在对豆科植株青贮时，一般选择盛花期刈割并与禾本科植株混合青贮或加入10%~20%的米糠混合青贮。一些青贮原料的含糖量见表4-1。

表4-1　一些青贮原料的含糖量

易于青贮的原料			不易青贮的原料		
饲料	青贮的pH	含糖量（%）	饲料	青贮的pH	含糖量（%）
玉米植株	3.5	26.8	草木樨	6.6	4.5
高粱植株	4.2	20.6	箭舌豌豆	5.8	3.62
魔芋植株	4.1	19.1	紫花苜蓿	6.0	3.72
向日葵植株	3.9	10.9	马铃薯茎叶	5.4	8.53
胡萝卜茎叶	4.2	16.8	黄瓜蔓	5.5	6.76
饲用甘蓝	3.9	24.9	西瓜蔓	6.5	7.38
芜菁	3.8	15.3	南瓜蔓	7.8	7.03

2. 适宜的含水量

原料适宜的水分是保证青贮过程中乳酸菌正常活动的重要条件之一，水分过高或过低都会影响发酵过程和青贮饲料的品质。水分过多时，原料容易腐烂，且渗出液多，养分损失大；水分过低时，会直接抑制微生物发酵，且由于空气难以排净，易引起霉变。一般来说，最适于乳酸菌繁殖的青贮原料水分含量为65%~75%。

【小常识】>>>>

判断青贮原料水分含量的简单方法是：将切碎的原料紧握于手中，然后手自然松开，若仍保持球状，手有湿印，其水分含量在68%~75%之间；若草球慢慢膨胀，手上无湿印，其水分在60%~67%之间；若手松开后，草球立即膨胀，其水分在60%以下。

3. 青贮原料的缓冲能力

缓冲能力的高低将直接影响青贮发酵的品质，缓冲能力越高pH下降越慢，则发酵越慢，营养物质损失得越多，青贮饲料品质越差。

一般认为，原料的缓冲能力与粗蛋白质含量有关，二者成正比。不同生育时期，不同草种的缓冲能力不同，如豆科牧草、多花黑麦草、鸭茅等草类的缓冲能力较玉米、高粱等饲料作物强。苜蓿是豆科牧草的代表，其可溶性碳水化合物含量低，蛋白质含量高，缓冲能力高，发酵时不易形成低 pH 状态，这样对蛋白质有强分解作用的梭菌将氨基酸通过脱氨或脱梭作用形成氨，对糖类有强分解作用的梭菌降解乳酸生成具有腐臭味的丁酸、二氧化碳和水，难以青贮成功。苜蓿青贮时通常添加一些富含糖类的物质，如一些糖分含量高的禾本科牧草进行混合青贮。

二、各类原料青贮后的营养特点

1. 青贮中青饲料的营养特点

与其他饲料相比，利用青饲料做青贮饲料，饲料中的含水率高（60%以上），富含多种维生素和无机盐，此外，还含有1%～3%的蛋白质和多量的无氮浸出物。该种饲料的特点是青绿多汁，柔软、适口性强，消化率高，羊采食后的消化率可达85%左右。

2. 青贮中秸秆饲料的营养特点

秸秆是青贮的重要原料。它主要由茎秆和经过脱粒后剩下的叶片组成，包括玉米秸、稻草、麦秸、高粱秆和谷草等。以玉米秸为例，羊对其的消化率为65%，对无氮浸出物的消化率为60%。玉米秸秆青贮时，胡萝卜素含量较多，每千克秸秆中含有3～7毫克。

3. 青贮中树叶类饲料的营养特点

树叶外观虽硬，但营养成分全面，青嫩鲜叶很易被羊消化。树叶属于粗饲料，远优于秸秆和荚壳类饲草。

第三节 青贮设施

一、青贮设施的要求

青贮场址宜选择在土质坚硬、地势高燥、地下水位低、靠近畜舍、远离水源和粪坑的地方。青贮容器的种类很多，但常用的有青贮窖和青贮塔。无论哪一种青贮设施，其基本的要求有以下几点：

1. 不透气

这是调制优良青贮饲料的首要条件。无论用哪种材料建造青贮设施，必须做到严密不透气。可用石灰、水泥等防水材料填充和抹青贮窖、壕壁的缝隙，在壁内衬一层塑料薄膜更好。

2. 不透水

青贮设施不要靠近水塘、粪池，以免污水渗入。地下或半地下式青贮设施的底面，必须高于地下水位（约0.5米），在青贮设施的周围挖好排水沟，以防地面水流入，如有水浸入，会使青贮饲料腐败。

3. 墙壁要平直

青贮设施的墙壁要平滑垂直，墙角要圆滑，这会有利于青贮饲料的下沉和压实。下宽上窄或上宽下窄都会阻碍青贮饲料的下沉或形成缝隙，造成青贮饲料霉变。

4. 要有一定的深度

青贮设施的宽度或直径一般应小于深度，宽∶深比为1∶1.5或1∶2，以利于青贮饲料借助本身重力而压得紧实，减少空气，保证青贮饲料质量。

二、常见青贮设施类型

1. 青贮窖

青贮窖有地下式圆形、地下式方形、地上式和半地下式青贮窖4种，分别如图4-1、图4-2、图4-3、图4-4所示。

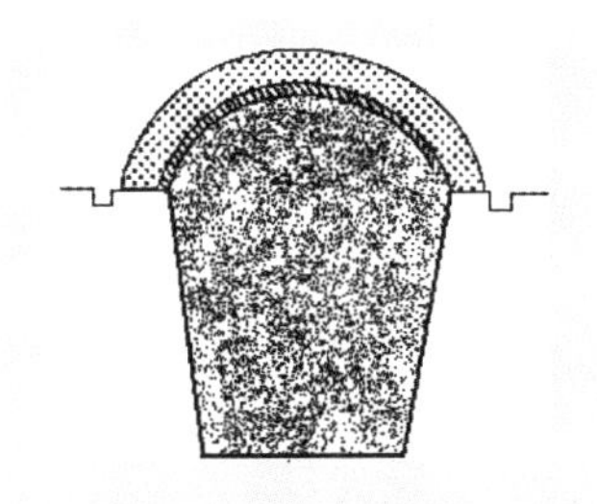

图4-1 地下式圆形青贮窖

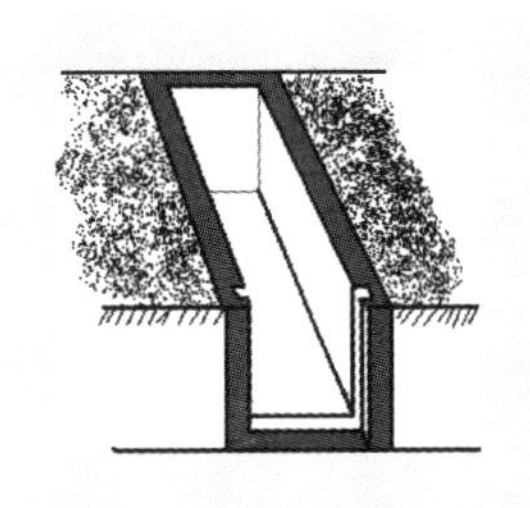

图4-2 地下式方形青贮窖

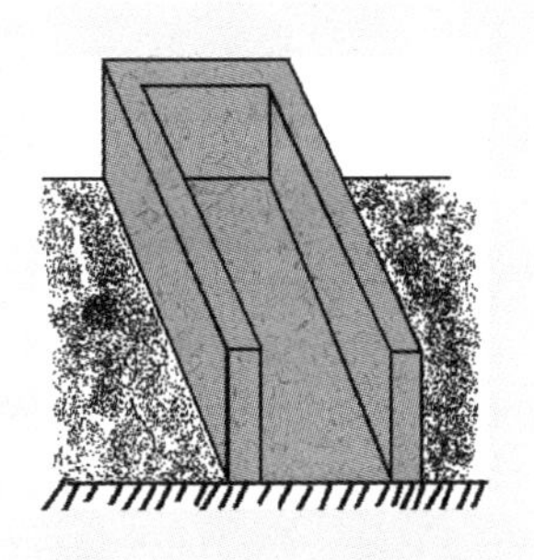

图4-3 地上式青贮窖

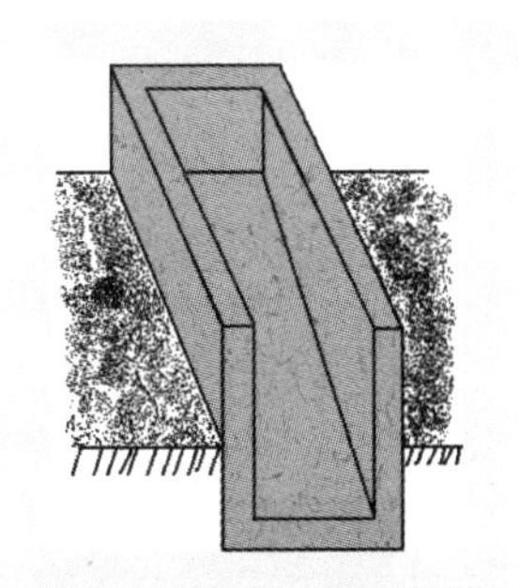

图4-4 半地下式青贮窖

地下式青贮窖适于地下水位较低，土质较好的地区；半地下式青贮窖适于地下水位较高或土质较差的地区。青贮窖的形状及大小应根据羊的数量、青贮饲料饲喂时间长短以及原料的多少而定。青贮窖周壁用砖石砌成。长方形窖的四角砌成半圆形，用三合土或水泥抹面，做到坚固耐用、内壁光滑、不透气、不透水。同样容积的窖，四壁面积越小，贮藏损失越少。

2. 塑料袋青贮

塑料袋青贮是近年来国内外广泛采用的一种新型青贮设施，其优点是省工、投资少、操作简便、容易掌握、贮存地方灵活。小型袋宽一般为50厘米，长为80～120厘米，每袋装40～50千克青贮饲料。青贮袋有2种装贮方式：一种是将切碎的青贮原料装入用塑料薄膜制成的青贮袋内，装满后用真空泵抽真空密封，放在干燥的野外或室内；另一种是用打捆机将青绿牧草打成草捆，装入塑料袋内密封，置于野外发酵。青贮袋由双层塑料制成，外层为白色，内层为黑色，白色可反射阳光，黑色可抵抗紫外线对饲料的破坏作用。

3. 伸拉膜打包青贮

伸拉膜打包青贮是指新鲜牧草收割后，用捆包机高密度压实打捆，然后用青贮塑料拉伸膜裹包起来，形成一个厌氧发酵环境，经3～6周完成乳酸发酵的生物化学过程，促进乳酸菌生长繁殖和乳酸的产生，最终使牧草营养和品质得到长期保护的方法（图4-5）。目前，伸拉膜打包青贮在许多畜牧业发达国家得到广泛应用。德国是广泛应用这一技术的国家之一，并且取得了很好的效果，在德国20%牧草青贮采用伸拉膜打包，而且每年以15%的速度增长。我国目前也有一些地方开始使用伸拉膜打包青贮，取得了良好的效果。

图4-5　伸拉膜青贮

伸拉膜打包青贮的优点主要在于：①牧草伸拉膜打包青贮能创造可控制的厌氧发酵环境，生产高营养的青贮饲料并能长期稳定保存，可在野外堆放保存1～2年；②牧草伸拉膜打包青贮饲料的适口性好，营养价值高，易消化和动物采食后促进生产性能提高，能减少牧草的变质和营

养物质流失；③能减少收获期间的天气变化对牧草质量的影响；④有利于牧草青贮饲料的运输和销售；⑤与青贮窖、青贮塔等青贮方法比较，可以减少投入和占地，不需修建昂贵的青贮窖、青贮塔等设施，从而降低贮存的成本；⑥还可以防止积水与青贮液体渗流到地下。

三、青贮设施的设计

1. 青贮设施的大小

制作羊打包青贮饲料

青贮设施的大小应适中。一般而言，青贮设施越大，原料的损耗就越少，质量就越好（表4-2）。在实际应用中，要考虑到饲养羊群数量的多少，每天由青贮窖内取出的饲料厚度不少于10厘米，同时，必须考虑如何防止窖内饲料的二次发酵。

表4-2　青贮窖大小与青贮品质的关系

项　　目	小型窖（500千克）	中型窖（2000千克）	大型窖（20000千克）
1米^{3}容量比	79	96	100
最高发酵温度/℃	17	21.9	22
窖内氢离子浓度/(微摩尔/升)	50	63	79
乳酸含量（%）	0.3	0.14	0
干物质消化率（%）	67.9	71	73

2. 青贮设施的容量

青贮设施的容量依羊群数量确定，原则上是原料少的做成圆形窖，原料多的做成长方形窖。

3. 青贮设施的贮藏量

青贮饲料单位体积重量估计见表4-3。

表4-3　青贮饲料单位体积重量估计　　（单位：千克/米^3）

青贮原料种类	青贮饲料单位体积重量
全株玉米、向日葵	500～550
玉米秸	450～500
甘薯藤	700～750
萝卜叶、芜菁叶	600
叶菜类	800
牧草、野草	600

第四章

圆形窖贮藏量的计算公式如下：

圆形窖贮藏量（千克）=(半径)^2×圆周率×高度×青贮单位体积重量

例如：某一养羊专业户，饲养奶山羊25~30只，全年均衡饲喂青贮饲料，辅以部分精料和干草。每天需喂青贮饲料多少？全年共需青贮饲料多少？修建何种形式的青贮设施及其贮藏量为多少？

解：按每只羊每天平均饲喂青贮饲料2.5千克计，1只羊1年需青贮饲料912.5千克。

全群全年共需青贮饲料总量=(25~30)×912.5千克

=22812.5~27375千克

≈22.8~27.4吨

若修建2个圆形青贮窖，其直径为3米，深为3米，则

青贮窖体积=1.5^2×3.1416×3米^3=21.206米^3

若每立方米青贮饲料按500~700千克计，则

每个窖贮藏量=21.206×(500~700)千克

≈10.60~14.84吨

长方形窖的贮藏量的计算公式如下：

长方形窖储藏量（千克）=长度×宽度×高度×青贮饲料单位体积重量

例如：某羊场饲养300只生产母羊，全年均衡饲喂青贮饲料，辅以部分精料和干草，每天全群需喂多少青贮饲料？共需多少青贮饲料？修建何种形式的设施及其贮藏量为多少？

解：每只羊每天按2.5~3千克青贮饲料的饲喂量计，1只羊1年需912.5~1095千克，每天全群需青贮饲料750~900千克。

全群全年需青贮饲料量=300×(2.5~3)×365千克

=273.75~328.5吨

若青贮窖修建成长方形，其宽、深、长为7米×4米×35米，则

青贮窖体积=7×4×35米^3

= 980米^3

若每立方米青贮饲料按500~700千克计，则

青贮窖的饲料贮藏量=980×(500~700)千克

=490~686吨

第四节　青贮方法

一、青贮饲料的制作工艺流程

1. 全机械化作业的工艺流程（图4-6）

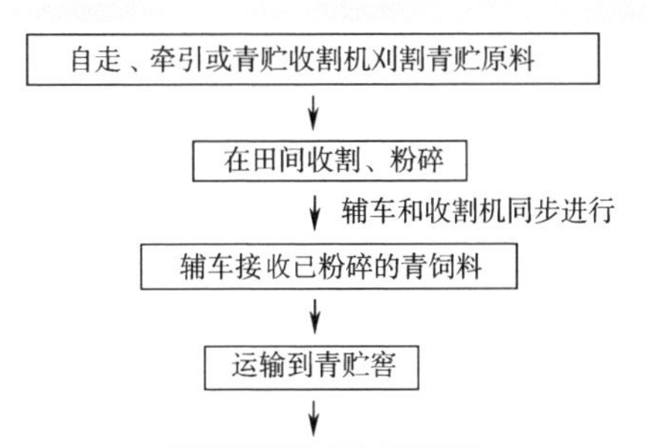

图4-6　全机械化作业工艺流程图

机械化收割玉米秸

2. 半机械化作业的工艺流程（图4-7）

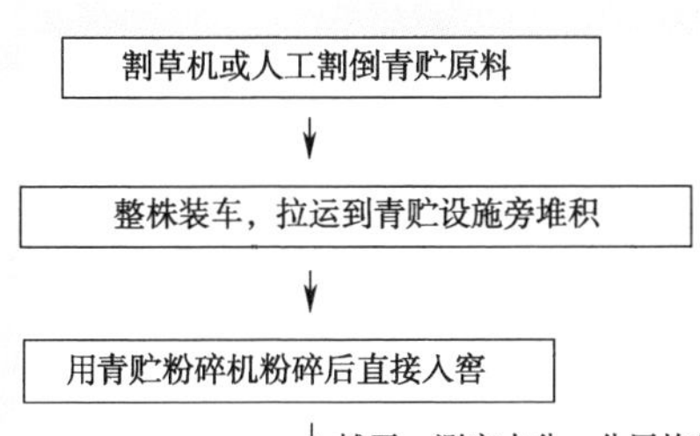

图4-7　半机械化作业工艺流程图

二、一般青贮方法

1. 选择好青贮原料

选择适当的成熟阶段收割植物原料，尽量减少太阳暴晒或雨淋，避免堆积发热，保证原料的新鲜和青绿。

2. 清理好青贮设施

已用过的青贮设施，在重新使用前必须将窖中的脏土和剩余的饲料清理干净，破损处应加以维修。

3. 适度切碎青贮原料

羊用的原料一般切成2厘米以下的小段为宜，以利于压实和以后羊的采食。

4. 控制原料水分

大多数青贮作物，青贮时的含水量以60%～70%为宜。新鲜青草和豆科牧草的含水量一般为75%～80%，拉运前要适当晾晒，待水分降低10%～15%后才能用于制作青贮饲料。

当原料水分过多时，适量加入干草粉、秸秆粉等含水量少的原料，调节其水分至合适范围。当原料水分较低时，将新割的鲜嫩青草交替装填入窖，混合贮存，或加入适量的清水。

5. 青贮原料的快装与压实

一旦开始装填青贮原料，速度要快，尽可能在2～4天内结束装填，并及时封顶。装填时，应在20厘米时一层一层地铺平，加入尿素等添加剂，并用履带式拖拉机碾压或人力踩踏压实。

注意

在利用履带式拖拉机碾压时应特别注意，避免将拖拉机上的泥土、油污、金属等杂物带入窖内。另外，用拖拉机压过的边角，仍需人工再踩一遍，防止漏气。

6. 封窖和覆盖

青贮原料装满压实后，必须尽快密封和覆盖窖顶，以隔断空气，抑制好氧性微生物的发酵。覆盖时，先在一层细软的青草或青贮饲料上覆盖塑料薄膜，而后堆土30～40厘米厚，用拖拉机压实。覆盖后，连续5～10天检查青贮窖的下沉情况，及时把裂缝用湿土封好，窖顶的泥土

必须高出青贮窖边缘，防止雨水、雪水流入窖内。

三、防止青贮饲料二次发酵的措施

青贮饲料的二次发酵又称为好氧性腐败。在温暖季节开启青贮窖后，空气随之进入，好氧性微生物开始大量繁殖，青贮饲料中的养分遭受大量损失，出现好氧性腐败，产生大量的热。为避免二次发酵所造成的损失，应采取以下技术措施：

（1）适时收割青贮原料 如果以玉米秸秆为主要原料，则其含水量不应超过70%，并应在霜前收割制作。如果霜后制作青贮饲料，乳酸发酵就会受到抑制，青贮中总酸量减少，开启窖后易发生二次发酵。

（2）原料切短 所用的原料应尽量切短，这样才能压实。

（3）装填快、密封严 装填原料时应尽量缩短时间，封窖前切实压实，用塑料薄膜封顶，确保严密。

（4）计算青贮间需要量，合理安排每天取出量 修建青贮设施时，应减小青贮窖的体积，或用塑料薄膜将大窖分隔成若干小区，以方便分区取料。

（5）添加甲酸、丙酸、乙酸 应将甲酸、丙酸和乙酸等喷洒在青贮饲料上，防止二次发酵，也可用甲醛、氨水等处理。

第五节 青贮饲料的品质鉴定

用玉米、向日葵等植株含糖量高、易青贮的原料制作青贮饲料，只要方法正确，2～3周后就能制成优质的青贮饲料，而不易青贮的原料2～3个月才能完成。饲用之前，或在使用过程中，应对青贮饲料的品质进行鉴定。

一、青贮饲料样品的采取

1. 青贮窖或青贮塔中样品的采取

（1）取样部位 以青贮窖或青贮塔中心为圆心，由圆心到距离墙壁33～55厘米处为半径，画一圆周，然后从圆心及互相垂直并直接与圆圈相交的各点上采样。

（2）取样方法 用锐刀切取约20厘米^{2}的青贮样块，切忌掏取样品。取样要均匀，取样时沿青贮窖或青贮塔的整个表面均匀、分层取样。冬天取出一层的厚度应不少于5～6厘米，温暖季节取出一层的厚度应为8～10厘米。

2. 青贮壕中样品的采取

先清除一端的覆盖物，与青贮窖或青贮塔内取样方法不同，不清除壕面上的全部覆盖物，而是从壕的一端开始。由壕端自上而下采样，由

一端自上而下分点采样。

二、青贮饲料的品质鉴定方法

1. 感观鉴定法

在农牧场或其他现场情况下，一般可采用感观鉴定方法来鉴定青贮饲料的品质，多采用气味、颜色和结构3项指标。

（1）颜色 品质良好的青贮饲料呈青绿色或黄绿色，品质低劣的青贮饲料多为暗色、褐色、墨绿色或黑色。

注意

当发现青贮饲料与青贮原料原来的颜色有明显的差异时，则不宜饲喂。

（2）气味 鉴定标准见表4-4。

表4-4 青贮饲料的气味及其评级

气味	评定结果	可饲喂的家畜
具有酸香味，略有醇酒味，给人以舒适的感觉	品质良好	各种家畜
香味极淡或没有，具有强烈的醋酸味	品质中等	除妊娠家畜及幼畜和马匹外的其他牲畜
具有一种特殊臭味，腐败发霉	品质低劣	不适宜喂任何家畜，洗涤后也不能饲用

（3）结构 品质良好的青贮饲料压得很紧密，但拿到手上又很松散；质地柔软，略湿润。若青贮饲料粘成一团好像一块污泥，则是不良的青贮饲料。这种腐烂的饲料不能饲喂羊，标准见表4-5和表4-6。

表4-5 青贮饲料感官鉴定标准

等级	色	味	气味	质地
上	黄绿色、绿色	酸味较浓	芳香味	柔软、稍湿润
中	黄褐色、墨绿色	酸味中等或较低	芳香、稍有酒精味或醋酸味	柔软、稍干或水分较多
下	黑色、褐色	酸味很淡	臭味	干燥松散或黏结成块

表 4-6 青贮饲料总评

青贮饲料评定等级	总分数
最好	11～12
良好	9～10
中等	7～8
劣等	4～6
不能用	≤3

2. 实验室鉴定法

（1）试剂及其配制

第一种，青贮饲料指示剂为 A + B 的混合液。A 液：溴麝香草酚蓝 0.1 克 + 氢氧化钠（0.05 摩尔/升）3 毫升 + 水 250 毫升。B 液：甲基红 0.1 克 + 乙醇（95%）60 毫升 + 水 190 毫升。

第二种，盐酸、乙醇、乙醚混合液，相对密度为 1.19 的盐酸、95% 乙醇、乙醚的混合比例为 1∶3∶1。

第三种，硝酸。

第四种，3% 硝酸银。

第五种，盐酸（1∶3 稀释）。

第六种，10% 氧化钡。

（2）鉴定方法 一般使用青贮饲料酸度测定法，取 400 毫升的烧杯加半杯青贮饲料，注入蒸馏水浸没青贮饲料样品，不断用玻璃棒搅拌，经15～20 分钟，用滤纸过滤。

将 2 滴滤液滴在点滴板上，加入青贮饲料指示剂，或将 2 毫升滤液注入试管中，加 2 滴指示剂，可在氢离子浓度 1～158 微摩尔/升（pH 为 3.8～6.0）范围内表现不同的颜色。青贮饲料综合评定标准见表 4-7。

表 4-7 青贮饲料综合评定标准

按指示剂的颜色评定		按青贮饲料气味评定		按青贮饲料颜色评定	
颜色	分数	气味	分数	颜色	分数
红	5	水果芳香味，弱酸味，面包味	5	绿色	3
橙红	4	微香味，醋酸味，酸黄瓜味	4	黄绿色、褐色	2
橙	3	浓醋酸味，丁酸味	2	黑绿色	1
黄绿	2	腐烂味，臭味，浓丁酸味	1		
黄	1				
绿	0				
蓝绿	0				

三、青贮饲料在养羊中的应用及注意事项

1. 青贮饲料在养羊中的应用

对于母羊而言，哺乳羔羊需要采食大量的优质饲草来满足其产奶需要，尤其是对青绿饲料、多汁饲料的需求量较大。通常情况下，足够的优质饲草都可以作为母羊奶源生产的能量补给，但是，由于优质饲草难以长年供给，供应量会随着季节性变化而有较强的变化，这样势必会对母羊产奶造成影响，继而影响羔羊的生长发育。相比之下，青贮饲料就是一个很好的代替优质牧草的奶源饲料，它既有优质牧草所含的营养成分，有效地增加维生素的供给，又可以四季供应，有效缓解养羊生产上冬春饲草紧缺、营养补给不均衡的问题。此外，一些青贮饲料的种类，如整株青贮玉米营养丰富，消化率高，对母羊产奶品质有很大的提升作用。如果选用全株玉米青贮，然后配合其他饲料，可有效增加粗饲料的采食量，增强母体体质，提高其抗疾病的能力，从而提高养殖效益。

2. 青贮饲料在养羊中的应用及注意事项

1）对刚出窖的青贮饲料不要直接饲喂，先在通风、有阳光的水泥场地晾晒2～3小时。青贮饲料不要铺太厚，让气味尽量散去，但晾晒不要超过5小时，且不能在不通风的环境中晾晒。

2）青贮饲料含有大量的有机酸，用量过多可能导致母羊轻泻，建议用青贮饲料饲喂羊时要逐渐增加用量，不要一步到位，如果出现轻微腹泻症状，应该立即停止饲喂或酌情减量，间隔几天后继续饲喂。

3）青贮饲料每次用量要稳定，在青贮窖内取用青贮饲料后要立即密封，减少与外界空气的接触，避免二次发酵。

4）加强青贮饲料的管理，尤其是避免混入水、泥土、杂物等，以保证青贮饲料洁净卫生。

5）科学配比，根据羊场草料贮存情况，确定青贮饲料饲喂量。日常饲喂最好搭配优质干草，因为青贮饲料含有大量的乳酸，饲喂过多会引起母羊消化代谢障碍，像酸中毒、乳脂率降低等现象。

6）用量适中，若用量过大，则母羊出现精神沉郁、反应迟钝、喜卧角落、步态蹒跚等现象，要限制给妊娠母羊饲喂青贮饲料。每天饲喂量，肉羊不应超过日粮总量的60%，繁殖母羊不应超过50%。同时配合适量添加剂（如3%小苏打）使用，增加喷洒硫酸铜干草的饲喂量，可以改善其恶化现象。

第五章 羊的繁育技术

羊的繁殖力受遗传、营养、年龄及其他外界环境因素（如温度、光照等）的影响。提高繁殖力不仅要在羊的遗传方面下功夫，同时对改进羊的饲养管理、繁殖技术及其他环境条件方面也应该给予重视。

第一节 发情、配种与人工授精

羊为季节性繁殖的家畜，在北半球地区的繁殖季节多为秋季和冬季。饲养条件优越、地处温暖地区或经人工高度培养的一部分绵羊或山羊品种都可常年发情、配种。例如，小尾寒羊一年四季都可发情、配种、繁殖，不受季节的限制。公羊没有明显的配种季节，但秋季性欲较强，精液质量较高。

一、性成熟和初配年龄

羊的性成熟期，受品种、气候、个体和饲养管理等方面的影响。山羊的性成熟期一般比绵羊早，在饲养条件较好的情况下，山羊的性成熟期为4~6月龄，绵羊为7~8月龄。某些地方品种如华北地区的小尾寒羊，性成熟较早，为4~5月龄。在较寒冷的北方，绒山羊及当地品种山羊的性成熟在4~6月龄之间。细毛羊成熟较迟，一般为8~10月龄，青山羊在2~3月龄即有发情征兆。因受遗传和环境因素的影响，同一品种不同个体的羊性成熟期也存在差异，一般发育快、个体大的羊性成熟早，反之则晚。

山羊的初配年龄较早，与气候条件和营养状况有很大的关系。南方有些山羊品种5月龄即配种，而北方有些山羊品种初配年龄需到1.5岁。山羊的初配年龄多为10~12月龄，绵羊的初配年龄多为12~18月龄。分布在江浙一带的湖羊生长发育较快，母羊初配年龄为6月龄。我国广大牧区的绵羊多在1.5岁时初配。尽管绵羊和山羊各品种初配年龄不一样，但均以羊的体重达到成年体重的70%时初配为宜。

羊一般在3～4岁时繁殖力最强，主要表现为繁殖率高、羔羊初生重大、发育快。绵羊的繁殖年限为8～10年，山羊略短，但公、母羊的繁殖利用年限一般不超过6年。

二、发情

1. 发情周期

在空怀情况下，从一个发情期开始到下一个发情期开始，所间隔的时间称为发情周期。绵羊的发情周期为14～21天（平均为16天），山羊为18～23天（平均为20天）。发情周期因品种、年龄、饲养条件、健康状况及气候条件等不同而有差异。

母羊一次发情持续的时间称为发情持续期。绵羊的发情持续期为24～36小时（平均为30小时），山羊为2天左右（平均为40小时）。

2. 发情症状

大多数母羊发情时有明显的行为表现，如鸣叫不安，兴奋活跃，食欲减退，反刍和采食时间明显减少，频繁排尿，并不时地摇摆尾巴；母羊间相互爬跨、打响鼻，接受抚摸按压及其他羊的爬跨，表现静立不动，对人表现温顺等。同时生殖器官也有以下症状：外阴部充血、肿胀，由苍白色变为鲜红色；阴唇黏膜红肿；阴道间断地排出鸡蛋清样的黏液，初期较稀薄，后期逐渐变得混浊黏稠；子宫颈松弛开放。羊的发情行为表现、生殖器官的外阴部变化和阴道黏液是直观可见的，因此是发情鉴定的几个主要症状。

山羊的发情症状及行为表现很明显，特别是鸣叫、摇尾、相互爬跨等行为很突出。绵羊则没有山羊明显，甚至出现安静发情。安静发情与生殖激素水平有关，绵羊的安静发情较多。

提示

在生产上，对绵羊常采取公羊试情的方法来鉴别母羊是否发情。

3. 发情鉴定的方法

（1）外部观察 直接观察母羊的行为、症状和生殖器官的变化来判断其是否发情，这是鉴定母羊是否发情最基本、最常用的方法。

（2）阴道检查 将羊用开膣器插入母羊阴道，检查生殖器官的变化，如阴道黏膜潮红充血、黏液增多、子宫颈松弛等，可判定母羊已发情。

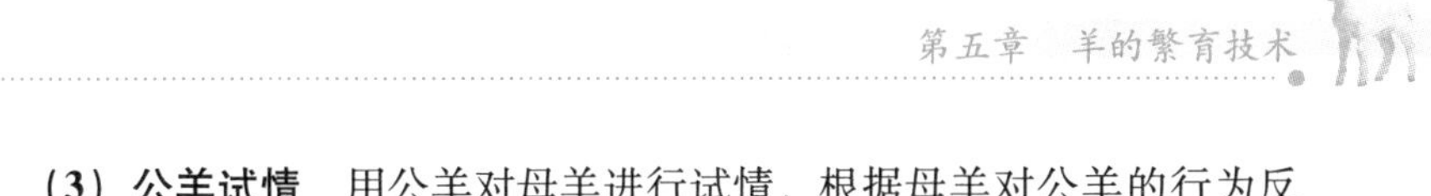

（3）公羊试情　用公羊对母羊进行试情，根据母羊对公羊的行为反应，结合外部观察来判定母羊是否发情。试情公羊要求性欲旺盛、营养良好、健康无病，一般每100只母羊配备试情公羊2～3只。试情公羊需做输精管切断手术或戴试情布。试情布一般宽35厘米、长40厘米，在四角扎上带子，系在试情公羊腹部。然后把试情公羊放入母羊群，如果母羊已发情便会接受试情公羊的爬跨。

（4）"公羊瓶"试情　在公山羊的角基部与耳根之间，会分泌一种性诱激素，可用毛巾用力揩擦后放入玻璃瓶中，这就是所谓的"公羊瓶"。试验者手持"公羊瓶"，利用毛巾上性诱激素的气味将发情母羊引诱出来。通过发情鉴定，及时发现发情母羊并判定其发情程度，并在母羊排卵受孕的最佳时期输精或交配，可提高羊群的配怀率。

三、配种

1. 配种时机的选择

绵羊、山羊配种时期的选择，主要是根据什么时候产羔最合适来确定。在每年产1次羔的情况下，可分为冬羔和春羔2种。一般8～9月配种，次年1～2月所产羔为冬羔；在10～12月配种，次年3～5月所产羔为春羔，所产冬、春羔各有其优缺点，应根据当地自然条件和饲养管理水平等确定。

（1）冬季产羔　冬季产羔可利用当年羔羊生长快、饲料效益高的特点，进行肥羔生产，当年出售，加快羊群周转，提高商品率，从而减轻草场压力和保护草场。其好处有以下几点：

1）母羊配种季节一般在8～9月，青草野菜茂盛，参加配种的母羊膘情好，发情旺盛，受胎率高。

2）妊娠母羊营养好，有利于羔羊的生长发育，羔羊初生重大，身体结实，容易养活。

3）母羊产羔期膘情还未显著下降，产羔后奶水足，可保障羔羊生长快、发育好。

4）冬季产的羔羊，到青草长出后，已有4～5月龄，能跟群放牧，舍饲羊也能吃上青饲料。当年过冬时体格大，能抵御风寒，保育率高。

但是冬季产羔需保障提供必要的饲草及圈舍条件。例如，冬季产羔，在哺乳后期正值枯草季节，若缺乏良好的冬季牧草、充足的饲草或饲料准备，母羊容易缺奶，影响羔羊生长发育。因此，无论牧区还是农区都要备足草料；冬季产羔时气候寒冷，需要保温的产羔圈舍，否则影响羔羊成活。

提示

一般在农区和条件较好的牧区可采用产冬羔模式。

（2）春季产羔 产春羔有其优点和缺点，其优点有以下几点：

1）春季产羔时气候已转暖，母羊产羔后，很快就可吃到青草，母羊奶足，羔羊生长发育快，要求的营养条件能得到满足。

2）春羔出生不久，就能吃到青草，有利于羔羊获得较充足的营养，体壮、发育好。春季比较暖和，集中产羔不需建产羔保暖圈舍。

但是春季产羔也有一定缺点，要注意以下几点：

1）春季气候多变，常有风霜，甚至下雪，母羊及羔羊容易得病，羊群发病率较高。

2）春季产的羔羊，在牧草长出时年龄尚小，不易跟群放牧。

3）春季产羔，特别是晚春羔，当年过冬死亡数较多。

提示

在气候寒冷或饲养条件较差的地区适宜产春羔。

（3）产羔体系 由于地理生态、羊的品种、饲料资源、管理条件、设备基础、投资需求、技术水平等因素不同，有以下几种产羔形式可供选择：

1年1产：10月下旬配种，次年3月下旬产羔。

1年2产：10月初配种，次年3月初产羔；4月底配种，9月底产羔。这种安排，母羊利用率最高。

2年3产：11月初配种，次年4月初产羔；8月初配种，第三年1月初产羔；3月配种，8月产羔。这种计划是2年产3胎，每8个月产1次羔。为了达到全年均衡生产、科学管理的目的，在生产中，羊群被分成8个月产羔间隔错开的4个组。每2个月安排1次生产，这样每隔2个月就有一批羔羊屠宰上市。如果母羊在其组内配种未受胎，2个月后可与下一组一起参加配种。用该方法进行生产，羔羊生产效率提高，设备等成本降低。

1年2产、2年3产、3年5产及空怀及时补配，尽早产羔的这几种

形式称为频繁产羔体系（或密集繁殖体系），是随着现代集约化肉羊及肥羔生产而发展的高效生产体系。其优点是最大限度发挥母羊繁殖性能；全年均衡供应羊肉上市；提高设备利用率，降低固定成本支出；便于集约化科学管理。

2. 配种受精时间

在繁殖季节中，母羊发情后要适时配种才能提高受胎率和产羔率。绵羊排卵的时间一般都在发情开始后 20 ~ 30 小时，山羊为 24 ~ 36 小时。所以最适当的配种受精时间是发情后 12 ~ 24 小时。一般应在早晨试情后，挑出发情母羊立即配种。为了提高母羊的受胎率，尤其是增加一胎多羔的机会，以一个情期配种 2 次为宜。即第一次配种受精后间隔 12 小时再配种 1 次。

3. 配种方法

羊的配种方法可分为自由交配、人工辅助交配和人工授精 3 种。前 2 种又称为本交。

（1）自由交配 这是养羊业上原始的交配方法，即将公羊放在母羊群中，让其自行与发情母羊交配（彩图 23）。这种方法省力省事，但存在许多缺点：1 只公羊只能配 15 ~ 20 只母羊；不能掌握母羊配种时间，无法推算预产期；不能选种选配；消耗公羊体力，影响母羊抓膘；容易传播疾病。应尽量避免采用这种方法。

（2）人工辅助交配 此法是人为地控制，有计划地安排公、母羊配种。公、母羊全年都是分群放牧或分群舍饲。在配种季节内，通过试情将发情母羊挑出与指定的公羊交配。这种方法可准确记载母羊交配时间、与配公羊进行选配，同时也可提高种公羊利用率，一般每只公羊可配种 60 ~ 70 只母羊。

（3）人工授精 即用器械将精液或冻精颗粒输入发情母羊的子宫颈内，使母羊受胎。此法可大大提高优良品种公羊的利用率，一个配种季节内每只种公羊的精液经稀释能给 300 只以上的母羊受精。河北省畜牧兽医研究所曾通过鲜精稀释 10 ~ 15 倍，鲜、冻精结合、错开配种季节、一次输精等措施，创出了一只良种公羊配种 6655 只母羊，受胎率为 93% 的优异成绩。

四、人工授精

人工授精流程主要包括：场地器械的准备→采精→精液检查→精液

稀释和保存（包括冷冻保存）→解冻→输精（用冷冻精液则需经解冻）。

1. 准备工作

准备一间向阳、干净的配种间。配种间包括采精场地、精液品质检查场地和输精场地。如果在农户或养羊较少的专业户，也必须准备一间干净的羊圈或羊棚作为输精场地，配种间要求光线充足，各部分工作场地要互相连接，以利于工作，地面坚实（最好铺砖块），以便清洁和减少尘土飞扬，空气要新鲜，室温要求为18～25℃。人工授精的各种器械要准备齐全，见表5-1。采精、输精前，各种器械必须清洗和消毒。要用肥皂水洗刷除去污物，对新购入的金属器具必须先除去防锈油污，再用清水冲洗净，然后用蒸馏水冲洗1次，消毒备用。玻璃器械采用干热消毒法，其余器械可用蒸汽消毒。

表5-1　羊人工授精所需的各种主要器械

名称	规格/单位	数量	用　　途
普通显微镜	400～600倍	1	检查精子密度、活力
假阴道	个	3～5	采集精液
集精杯	个	5～10	收集精液
输精枪	支	5～10	输精
开膣器	个	3～5	打开母羊生殖道，便于观察子宫颈口
保温桶	个	1～2	贮存精液
手电筒	个	2	输精时提供照明，照亮生殖道
消毒锅	个	1	消毒采精器械

2. 采精

(1) 羊假阴道的准备　种公羊的精液用假阴道采取。假阴道为筒状结构，主要由外壳、内胎和集精杯组成，外壳是硬胶皮圆筒，长20厘米、直径4厘米、厚约0.5厘米；筒上有灌水小孔，孔上安有橡皮塞，塞上有气嘴。内胎为薄橡胶管，长30厘米，扁平直径为4厘米。用时将内胎装入外壳，两端向假阴道两端翻卷，并用橡皮圈固定。内胎要展平，松紧适度。集精杯装在另一端（图5-1，彩图24）。

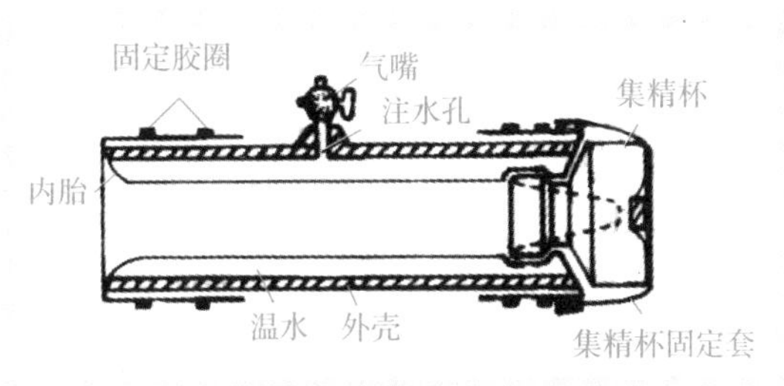

图 5-1　羊用假阴道

采精前，将安装好的假阴道内胎先用肥皂水清洗，后用温清水冲洗，外壳用毛巾擦干，内胎最好晾干。干后用 95% 酒精棉球涂抹内胎，装上集精杯，用蒸馏水或温开水和 1% 生理盐水冲洗。然后由小孔注入 50℃热水 150～180 毫升，再用消毒过的玻璃棒蘸上一些消毒过的凡士林，涂在内胎上，注意涂均匀，深度不超过阴道的 2/3。由小孔上的气嘴向小孔吹气，使内胎鼓胀，以恰好装进公羊的阴茎为宜。临采精前，内层的温度应在 40～42℃，温度过高或过低都会影响公羊射精。

（2）台羊的准备　对公羊来说，台羊（母羊）是重要的性刺激物，是用假阴道采精的必要条件。台羊应当选择健康的、体格大小与公羊相似的发情母羊。用不发情的母羊作为台羊不能引起公羊性欲时，可先用发情母羊训练数次即可。在采精时，须先将台羊固定在采精架上。对经过采精训练的公羊也可以利用假台羊进行采精（图 5-2）。

图 5-2　假台羊

（3）采精技术　公羊爬跨迅速，射精动作快。因此，要求采精人员应动作迅速、准确。采精时，采精人员右手拿假阴道，蹲伏在母羊或右侧后方，公羊爬跨并伸出阴茎时，迅速将假阴道靠在母羊右侧盆部，与地面呈 35°～40°角，左手托住公羊阴茎包皮，将阴茎快速导入假阴道内。当公羊身体剧烈耸动时，表明已经射精。采精人员应将假阴道顺沿公羊向后移下，然后竖起，使有集精杯的一端向下，及时打开气嘴放气，使精液流入集精杯。取下集精杯，加盖，送室内做精液品质检查（彩图 25、彩图 26）。

采精后，假阴道外壳、内胎及集精杯要洗净，用肥皂水、氢氧化钠水溶液洗刷，再用过滤开水洗刷3～4次，晾干备用。

3. 精液品质检查

最少在一个配种季节的开始、中期、末期检查3次，主要检查色泽、气味、射精量、活力、密度。采精后将精液倒入量精瓶，查色、味、量。

（1）射精量检查 一次射精量，绵羊为0.8～1.5毫升，山羊1毫升左右，1毫升精液有20亿个以上的精子。

（2）色泽和气味检查 正常精液呈乳白色或略带浅黄色，浓稠，无味或略带腥味。

（3）密度检查 精子密度的大小是精液品质优劣的重要指标之一。用显微镜检查精子密度的大小，其制片方法是（用原精液制片）：用消毒过的干净玻璃棒取原精液1滴，或用生理盐水稀释过的精液1滴，滴在消毒过的干净且干燥的载玻片上，并盖上干净的盖玻片，盖时使盖玻片与载玻片之间充满精液，避免气泡产生，然后放在显微镜下放大300～600倍进行观察。观察时盖玻片、载玻片、显微镜载物台的温度不得低于30℃，室温不能低于18℃。一般放在显微镜保温箱中进行检查（图5-3）。

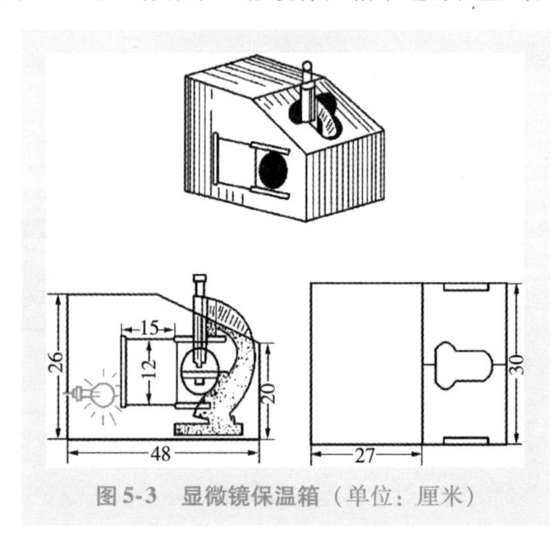

图5-3 显微镜保温箱（单位：厘米）

精子的密度分为"密""中"和"稀"3级（图5-4）。

密：精液中精子数目较多，充满整个视野，精子与精子之间的空隙很小，不足1个精子的长度。由于精子非常稠密，所以很难看出单个精子的活动情形。

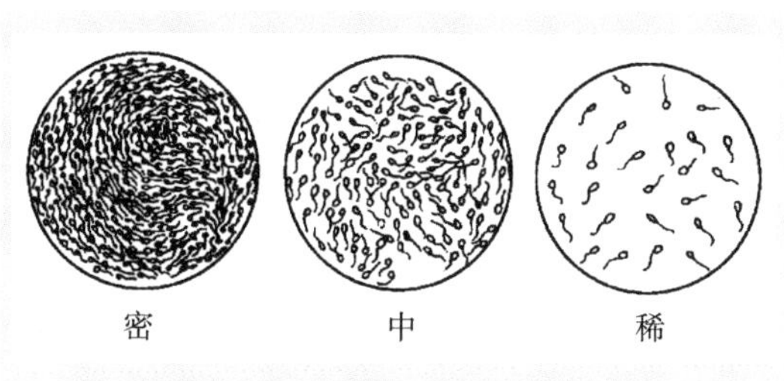

图 5-4　羊精子密度示意图

中：在视野中看到的精子也很多，但精子与精子之间有着明晰的间隙，彼此间的距离相当于 1 ~2 个精子的长度。

稀：在视野中只有少数精子，精子与精子之间的间隙很大，约超过 2 个精子的长度。

另外，在视野中如看不到精子则以“0”表示。

提示

公羊的精液含副性腺分泌物少，精子密度大，所以用于输精的精液，其精子密度至少是“中级”。

（4）活力检查　一般精子的活力检查和精子的密度检查同时进行，制片方法相同。评定精子的活率，是根据显微镜中视野下直线前进运动的精子所占的比例来确定精子活率等级，在显微镜下观察，可以看到精子有 3 种运动方式：

1）前进运动。精子的运动呈直线前进运动。

2）回旋运动。精子虽也运动，但绕小圈子回旋转动，圈子的直径很小，不到 1 个精子的长度。

3）摇摆运动。精子不改变其运动的位置，而在原地不断摆动，并不前进。

除以上 3 种运动方式之外，还可以看到没有任何运动的精子，呈静止状态。除第一种精子具有受精能力外，其他几种运动方式的精子不久即会死亡，没有受精能力，故在评定精子活率等级时，应根据显微镜下活泼前进运动的精子在视野中所占的比例来决定：若有 80% 的精子做直线前进运动，其活率评为 0.8，以此类推。一般公羊精子的活率应在 0.7 以上才能供羊输精用。

4. 精液稀释

检查合格的精液，稀释后才可输精。稀释液配方应选择易于抑制精子活动，减少能量消耗，延长精子寿命的弱酸性稀释液。常用的稀释液有：

（1）奶汁稀释液 奶汁先用7层纱布过滤后，再煮沸消毒10~15分钟，降至室温，去掉表面脂肪即可。稀释液与精液一般按（3~7）:1的比例稀释。

（2）生理盐水卵黄稀释液 1%氯化钠溶液99毫升，加新鲜卵黄10毫升，混合均匀。

精液稀释要根据精子密度、活力而定稀释比例。稀释后的精液，每毫升有效精子量不少于7亿个。

精液与稀释液混合时，二者的温度必须保持一致，防止精子受温度剧烈变化的影响。因此，稀释前将2种液体放于同一水温中，同时在20~25℃时进行稀释。把稀释液沿着精液瓶缓缓倒入，为使混合均匀，可稍加摇动或反复倒动1~2次。在进行高倍稀释时需分2步进行，即进行低倍稀释，等数分钟后再做高倍稀释。稀释后，立即进行活力镜检，如果活力不好要查出原因。

5. 精液分装、运输与保存

（1）精液分装 将稀释好的精液根据各输精点的需要量分装于2~5毫升的小细试管中，精液面距试管口不小于0.5厘米，然后用玻璃纸和胶圈将试管口扎好，在室温下自然降温。

（2）短途运输 将降温到10~15℃已分装好精液的小试管用脱脂棉、纱布包好，套上塑料袋，放在盛满凉水的小保温瓶内，即可运到输精点。

提示

在农村，短途运输的工具为自行车或摩托车，5千米与10千米的运输距离对精子活力影响不显著。

（3）精液保存 精液在稀释后即可保存。现行保存精液的方法，按保存温度不同，分为常温保存（15~25℃）、低温保存（0~5℃）和冷冻保存（-79℃或-196℃）3种。

1）常温保存。精液运到输精点，不能马上用的精液或当晚、第二天早晨用的精液需常温保存。常温保存是将精液保存在温度为15~25℃的环境中，允许温度有一定的变动。该方法无须特殊的温度控制设备，比较简便。绵羊精液采用常温保存比低温或冷冻保存的效果好。一般绵羊、山羊精液常温保存48小时后，存活率仍可达原精液的70%。

2）低温保存。将精液保存在0～5℃环境中称为低温保存。它是在精液不致结冰的情况下大幅度地降温，一般是将精液稀释后放入温度维持在0～5℃的冰箱内或装有冰块的保温瓶中。低温对精子的冷刺激易造成不可逆转的休克现象，因此除了在稀释液中添加卵黄、奶类、甘油等保护物质外，还应注意降温的速度。从30℃降到精子冷休克的敏感温度0～10℃时，以每分钟下降0.2℃左右为好，降温过程一般需1～2小时。由于绵羊、山羊精液的某些限制因素，采用低温保存的效果不理想。

3）冷冻保存。它是将分装好的精液直接放入液氮中，使之温度快速降到冰点以下，使之冻结起来，故又叫超低温保存，温度为－196℃。在此温度下，精子代谢完全停止，故保存时间大为延长，经数月乃至数年仍可用于人工授精。

（4）冷冻精液解冻方法　采用细管、安瓿等分装的冻精，可以直接在35～40℃的温水中解冻，只等细管或安瓿内的精液融化一半时，便可以从温水中取出来以备使用。解冻颗粒精液有干、湿2种方法：方法一，湿法解冻，就是在灭菌试管内注入1.9%枸橼酸钠解冻液1毫升，将试管在水浴中加热至35～40℃，取出颗粒精液投进试管内，摇动融化以备使用。方法二，干法解冻，即直接将颗粒冻精置于灭菌试管内，然后在水浴中加热至35～40℃解冻即可。冷冻精液解冻后立即进行镜检，活力达到0.3以上的就可以用于输精。

提示

要提高冻精的受胎率，一般采用1:1的低倍稀释、40℃干法快速解冻、1亿左右有效精子数的大量输精和一个发情期二次重复输精等方法效果较好。

6. 输精

将洗干净的输精器用70%酒精消毒内部，再用温开水洗去残余酒精，然后用适量生理盐水冲洗数次后使用。开膣器洗净后放在酒精火焰上消毒，冷却后外涂消毒过的凡士林。

将配种母羊置于固定架上，用0.1%高锰酸钾溶液洗净外阴部，再用清水冲洗干净后，输精员右手持输精器，左手持开膣器，先将涂有润滑剂的开膣器顺着阴门插入阴道，旋转90°，再将开膣器轻轻打开，插入输精针，用手电筒找到子宫颈口，再将输精针插入子宫颈口0.5～1.0厘米深处，轻轻注入精液，然后缓慢取出输精针和开膣器（图5-5、图5-6、彩图27和彩图28）。开膣器在阴道内始终保持开张状态，不能闭合，以免夹伤生殖道。输精量一般为0.1毫升，有效精子数不少于5000万。输精后在母羊的腰椎部位用手捏一下，可刺激宫颈收缩防止精液流出。

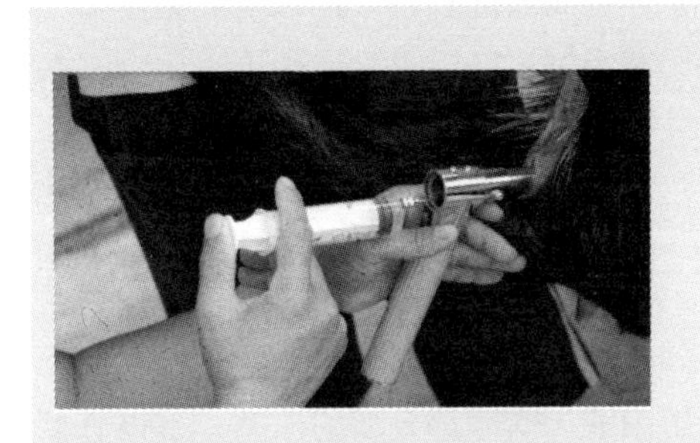

图5-5 羊开膣器输精法实操图

图5-6 羊开膣器输精法示意图

羊人工授精

羊子宫角输精

为提高母羊受胎率，每次发情，输精2次，在输精后的8～12小时再重复输1次。一般每只母羊每次输精0.1毫升，有效精子不少于0.5亿个。若稀释4～8倍时，应增加到0.2毫升，处女羊进行阴道输精时，输精量也应加倍。

如果在打开开膣器后，发现母羊阴道内黏液过多或有排尿表现，应让母羊排尿或设法使母羊阴道内的黏液排净，然后将开膣器再插入阴道，细心寻找到子宫颈。发情母羊子宫颈附近的黏膜颜色较深，当阴道打开后，向颜色较深的方向找子宫颈口，可以顺利找到。遇到初配母羊，由于阴道狭窄，开膣器打不开，只有进行阴道深部输精，但应当进行大剂量输精，输入0.2～0.3毫升。

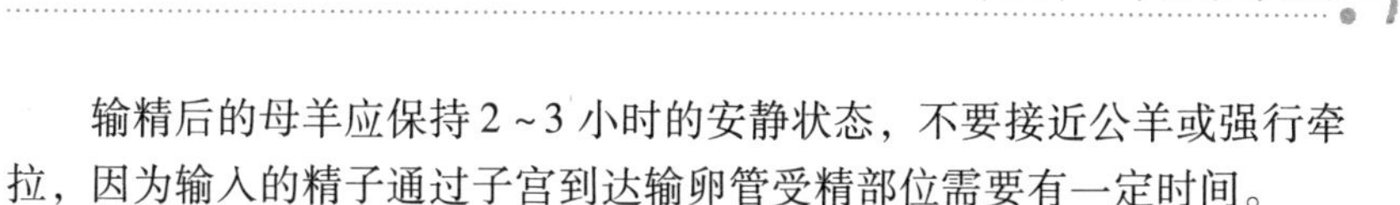

输精后的母羊应保持2~3小时的安静状态，不要接近公羊或强行牵拉，因为输入的精子通过子宫到达输卵管受精部位需要有一定时间。

母羊输精后应做好详细记录：主要记录输精母羊号、发情情况、羊龄、输精日期、精液类型及与配公羊号。

7. 山羊人工授精注意事项

山羊人工授精方法与绵羊大致相同，但应注意几个技术问题。山羊比绵羊行动敏捷，种公羊性行为和性冲动反应快，一般配种室最好装一个长30厘米、宽60厘米、高20厘米的斜架台作为采精台。成年公羊采精1周休息1天，每天可采2~3次，连续采2次间隔15~30分钟。采精前用温水清洗公羊包皮，然后用干净毛巾擦净。山羊精液密度大，一般稀释2~5倍后输精为宜，主要视精液密度和活力而定。

第二节　妊娠与分娩

一、妊娠期与预产期

羊从开始妊娠到分娩的期间称为妊娠期，绵羊的妊娠期平均为150天（一般146~157天），山羊的妊娠期平均为152天（一般146~161天）。但随品种、个体、年龄、饲养管理条件的不同而有差别，一般山羊的妊娠期略长于绵羊。早熟的肉毛兼用或肉用绵羊品种多在饲料优越的条件下育成，妊娠期较短，平均为145天，如萨福克羊（彩图29）的妊娠期为144~147天；细毛羊在草原地区繁育，特别是我国北方草原条件较差，妊娠期平均为150天，美利奴羊为149~152天。

母羊妊娠后，为做好分娩前的准备工作，应准确推算产羔期，即预产期。羊的预产期可用公式推算，即配种月加5，配种日期数减2。

例1：某羊于2017年3月26日配种，它的预产期为

$$(3+5)\ 月=8\ 月$$

$$(26-2)\ 日=24\ 日$$

综上，该羊的预产日期是2017年8月24日。

例2：某羊于2016年10月9日配种，它的预产期为

超过12月，可将分娩年份推迟1年，并将该年份减去12月，余数就是下一年预产月数。即

$$[(10+5)-12]月=3\ 月$$

$$(9-2)日=7\ 日$$

综上，该母羊的预产期是2017年3月7日。

二、妊娠特征

1. 母羊妊娠外部特征

母羊配种后经1～2个发情周期不再发情，即可初步认为妊娠。妊娠羊性情安静、温顺，举动小心迟缓，食欲好，吃草和饮水增多，被毛光泽，妊娠后半期（3～4个月）腹部逐渐变大，腹壁右侧（孕侧）比左侧更为下垂凸出，肋腹部凹陷，乳房也逐渐胀大。

2. 妊娠诊断

配种后，若能尽早进行妊娠诊断，对于保胎、减少空怀、提高繁殖率及有效地实施生产经营管理都是相当重要的。常用的妊娠诊断方法主要有以下几种：

（1）外部观察法　就是观察到母羊出现一些妊娠外部特征，就基本上可判定母羊进入妊娠期。外部观察法的最大缺点是不能早期（配种后第一个发情期前后）确诊是否妊娠，而且没有某一或某几个特征表现时也不能肯定就没有妊娠。对于某些能够确诊的观察项目一般都在妊娠中后期才能明显看到，这就可能影响母羊的再发情配种。

（2）腹壁探测法　一般2个月后可用腹壁探测法检查母羊是否妊娠。检查在早晨空腹时进行，将母羊的头颈夹在两腿中间，弯下腰将两手从两侧放在母羊的腹下乳房的前方，将腹部微微托起。左手将羊的右腹向左侧微推，左手的拇指、食指叉开就能触摸到胎儿。60天以后的胎儿能触摸到较硬的小块，90～120天就能摸到胎儿的后腿腓骨，随着日龄的增长，后腿腓骨由软变硬。当手托起腹部手感觉有一硬块时，胎儿仅有1羔；若两边各有一硬块时为双羔，在胸的后方还有一块时为3羔；在左或右胸的上方各有一块时为4羔。

注意

检查时手要轻巧灵活，仔细触摸各个部位，切不可粗暴生硬，以免造成胎儿受伤、流产。

（3）阴道检查法　即利用羊阴道开膣器打开母羊阴道，根据母羊阴道黏膜的色泽、黏液性状及子宫颈口形状的规律变化来判断母羊是否妊娠的方法。

1）阴道黏膜变化。母羊妊娠后，阴道黏膜由空怀时的浅粉红色变为苍白色，但用开膣器打开阴道后，很短时间内即由白色又变成粉红色。空怀母羊黏膜始终为粉红色。

2）阴道黏液变化。妊娠母羊的阴道黏液呈透明状，而且量很少，因此也很浓稠，能在手指间牵成线。相反，如果黏液量多、稀薄、颜色灰白的母羊为未孕。

3）子宫颈变化。妊娠母羊子宫颈紧闭，色泽苍白，并有糨糊状的黏块堵塞在子宫颈口，人们称之为“子宫栓”。

（4）超声波探测法 超声波探测仪是一种先进的诊断仪器，超声波仪有直肠探头和普通探头2种。探头和所探测部位均以液状石蜡、食用油或凡士林为耦合剂，根据妊娠时间可采用直肠探测和腹部探测2种不同的持探头方法。检查方法是将待查母羊保定后，直肠探测应用于妊娠早期（40天以前），将探头插入直肠内，以探测到特征性的胎水或子叶为判定妊娠阳性的依据。腹部探测一般在妊娠40天后进行，因为这时胎儿的鼻和眼已经分化，易于诊断。具体方法是在腹下乳房前毛稀少的地方涂上凡士林或液状石蜡，将超声波探测仪的探头对着骨盆入口方向探查。此法以探头中点为原点，左右两侧各做15°~45°摆动，然后贴皮肤移动再做摆动，同时密切注意屏幕上可能显示的任何阳性信息图像，以探测到胎儿，包括胎头、胎心、脊椎或胎蹄等为判定阳性的依据。

三、分娩接羔

1. 产羔前的准备

妊娠检查（B超）

大群养羊的场户，要有专门的接产育羔舍，即产房。舍内应有采暖设施，如安装火炉等，但尽量不要在产房内点火升温，以免因烟熏而患肺炎和其他疾病。产羔期间要尽量保持恒温和干燥，一般以5~15℃为宜，湿度保持在50%~55%。

产羔前应提前3~5天把产房打扫干净，墙壁和地面用5%氢氧化钠水溶液或0.1%新洁尔灭消毒，在产羔期间还应消毒2~3次。

产羔母羊尽量在产房内单栏饲养，因此在产羔比较集中时要在产房内设置分娩栏，既可避免其他羊干扰又便于母羊认羔，分娩栏一般可按产羔母羊数的10%设置。提前将栏具、料槽和草架等用具检查、修理，用氢氧化钠水溶液或石灰水消毒。准备充足的碘酒、酒精、高锰酸钾、药棉、纱布及产科器械。

2. 分娩征兆观察

母羊临产时，骨盆韧带松弛，腹部下垂，尾根两侧下陷。乳房胀大，乳头竖立，手挤时有少量浓稠的乳汁。阴唇肿大潮红，有黏液流出。肋窝凹陷，经常爬卧在圈内一角，或站立不安，常发出鸣叫。时常回头看其腹部，排尿次数增多，临产前阴门有努责现象。有以上现象即说明将临产，应准备接产。

3. 正常分娩羊的接产

（1）接产准备 接产准备工作主要包括产房的准备、饲草饲料的准备、接产人员的准备，以及接产用具和器械的准备。

（2）接产方法 首先，剪去临产母羊乳房周围和后肢内侧的毛，以免妨碍初生羔羊哺乳和吃下脏毛。有些品种的细毛羊眼睛周围密生有毛，为不影响视力，也应剪去。用温水洗净乳房，并挤出几滴初乳。再将母羊的尾根、外阴部、肛门洗净，用消毒液进行全面的消毒。

正常分娩的经产母羊，在羊膜破后10~30分钟，羔羊即能顺利产出。一般两前肢和头部先出，若先看到前肢的两个蹄，接着是嘴和鼻，即是正常胎位。到头也露出来后，即可顺利产出，不必助产。产双羔时，先后间隔5~30分钟，也有长达10小时以上的。母羊产出第一只羔羊后，如果仍表现不安，卧地不起，或起立后又重新躺下、努责等，可用手掌在母羊腹部前方适当用力向上推举。若是双羔，则能触到一个硬而光滑的羔体，应准备助产。

羔羊产出后，应迅速将羔羊口、鼻、耳中的黏液抠出，以免其因呼吸困难而窒息死亡，或者吸入气管引起异物性肺炎。羔羊身上的黏液必须让母羊舔净，若母羊恋羔羊，可把胎儿黏液涂在母羊嘴上，引诱母羊把羔羊身上舔干。如果天气寒冷，则用干净布或干草迅速将羔羊身体擦干，免得受凉。

注意

不能用一块布擦同时产羔的几只母羊的羔羊，以免母羊弃仔现象的发生。

羔羊出生后，一般母羊站起，脐带自然断裂，这时在脐带断裂端涂5%碘酒消毒。如果脐带未断，可在离脐带基部6~10厘米处将内部血液向两边挤，然后在此处剪断，涂抹浓碘酒消毒。

四、难产及助产

初产母羊应适时予以助产。一般当羔羊嘴已露出阴门后，以手用力捏挤母羊尾根部，羔羊头部就会被挤出，同时用手拉住羔羊的两前肢顺势向后下方轻拖，羔羊即可产出。

阴道狭窄、子宫颈狭窄、母羊阵缩及努责微弱、胎儿过大、胎位不正等，均可引起难产。在破水后20分钟左右，母羊不努责，胎膜也未出来，应及时助产。助产必须适时，过早不行，过晚则母羊精力消耗太大，羊水流尽不易产出。

助产的方法主要是拉出胎羔。助产员要剪短、磨光指甲，洗净手臂并消毒，涂抹润滑剂。先将母羊的阴门撑大，把胎儿的两前肢拉出来再送进去，重复3次。然后手拉前肢，一手扶头，配合母羊的努责，慢慢向后下方拉出，注意不要用力过猛。

难产有时是由于胎位不正引起的，一般常见的胎位不正有头出前肢不出、前肢出头不出、后肢先出、胎儿上仰、臀部先出、四肢先出等。首先，要弄清楚属于哪种不正常胎位，然后将不正常胎位变为正常胎位，即用手将胎儿轻轻摆正，让母羊自然产出胎儿。

五、假死羔羊救治

有些羔羊产出后，心脏虽然跳动，但不呼吸，称为“假死”。抢救“假死”羔羊的方法很多。首先，应把羔羊呼吸道内吸入的黏液、羊水清除掉，擦净鼻孔，向鼻孔吹气或进行人工呼吸。可把羔羊放在前低后高的地区使其仰卧，手握前肢，反复前后屈伸，用手轻轻拍打胸部两侧。或提起羔羊两后肢，使羔羊悬空并拍击其背、胸部，让堵塞咽喉的黏液流出，并刺激肺呼吸。

有的养殖者把救治“假死”羔羊的方法编成顺口溜：“两前肢，用手握，似拉锯，反复做，鼻腔里，喷喷烟，刺激羔，呼吸欢”。

严寒季节，放牧离舍过远或对临产母羊护理不慎，羔羊可能产在室外。羔羊因受冷，呼吸迫停、周身冰凉。遇此情况时，应立即移入温暖的室内进行温水浴。洗浴时水温由38℃逐渐升到42℃，羔羊头部要露出水面，切忌呛水，洗浴时间为20~30分钟。同时要结合急救“假死”羔羊的其他办法，使其复苏。

第三节　提高羊繁殖力的措施

现代养羊业的一个突出特点就是要在种羊选择、培育、科学管理、授精、保胎、羔羊育成等方面采用最新技术，有效地提高肉羊的繁殖

性能。

一、提高公羊繁殖力的措施

公羊的繁殖力主要表现在交配能力、精液的数量、精液的质量及公羊本身具有的遗传结构。

1. 选择繁殖力高的种公羊

一般繁殖力高的公羊，其后代多具有同样高的繁殖力。睾丸的大小可作为多产性最有用的早期标准，大睾丸公羊的初情期也比小睾丸公羊初情期早。同时，阴囊围大的公羊，其交配能力较强。

选留公羔和年青公羊时，注意在不良环境条件下进行抗不育性的选择，因为在不良环境下更容易显示和发现繁殖力低的种羊。要选留品质好、繁殖力强的种公羊，以提高羊群遗传素质。

选留公羊，除要注意血统、生长发育、体质外形和生产性能外，还应对睾丸情况严加检测，凡属隐睾、单睾、睾丸过小、畸形、质地坚硬、雄性特征不强的，都不能留种。

经常检查精液品质，包括 pH、精子活力、密度等。长期性欲低下，配种能力不强，射精量少，精子密度稀、活力差、畸形精子多、受胎率低等，都不能作为种羊使用。

2. 科学管理

在羊繁殖前对其进行训练、调教。每只公羊本交母羊不超过 50 只，在配种前每隔 15 ~ 30 天检查睾丸 1 次，在配种 3 ~ 6 周前剪毛。配种时，每天采精 1 次，隔 5 ~ 6 天休息 1 次。

3. 全年均衡饲养种公羊

种公羊在非配种季节应有中等或中等以上的营养水平，配种季节间要求更高，保持健壮，精力充沛，又不过肥。在配种前的 30 ~ 45 天就要加强营养和饲养管理，按配种季节的营养标准饲喂。在配种季节，每天每只供青饲料 1 ~ 1.3 千克、混合精料 1 ~ 1.5 千克、干草适量。采精次数多，每天再补鸡蛋 2 ~ 3 个。

种公羊应集中饲养，科学补饲草料，保证种公羊有良好的种用体况。

二、提高母羊繁殖力的措施

1. 加强母羊的选择

母羊产羔数量的多少与羊的遗传性能有很大的关系。实践证明，选取双羔率高的种母羊的后代作为种母羊，其后代所产双羔概率就会明显

高，对提高羊群的繁殖能力也有一定的影响。

光脸型母羊（脸部裸露、眼下无细毛）比毛脸型母羊（脸部被覆细毛）产羔率高11%。年轻、体型较大而且脸部裸露的母羊所生双羔应优先利用。

初配就空怀的处女羊，以后也易空怀。连续2年发生难产、产后弃羔、母性不强、所生羔羊断奶后重量过小的母羊就淘汰。

产羔率还与年龄有关。如绵羊在3.5～7.5岁时的蛋白质代谢过程最旺盛，一般到4岁前后才能达到排卵的最高峰。双羔率在母羊2岁左右即1～2胎时较低，3～6岁时最高，7岁以后逐渐下降，因此7岁以上的母羊要及时淘汰。通过合理调整羊群结构，使2～7岁羊占70%、1岁羊占25%，保持羊群有最佳结构和繁殖力。

2. 提高母羊的营养

体重和排卵之间有正相关关系，据资料报道，配种前体重每增加1千克，产羔率相应可增2.1%。提高母羊各阶段营养，保证良好体况，可直接影响繁殖率。实践表明，配种前2～3周提高羊群的饲养水平，可增加10%的一胎多羔率。

配种前期要催情补饲，使母羊到配种季节时达到满膘，全群适龄母羊全部发情、排卵。妊娠母羊，特别是胎儿快速发育的妊娠后期2个月，不仅要使母羊吃饱，而且要满足母羊对各种营养的需要。坚持补饲混合精料（玉米、饼粕、麸皮、微量元素等）、优质青干草及多汁饲料（萝卜等块根块茎）。为保障泌乳期充足的乳汁及母羊体况，需根据母羊膘情及产单、双羔的不同，在泌乳期补饲混合精料和青干草等。一般双羔母羊每天补混合精料0.4千克、青干草1.5千克；单羔母羊补混合精料0.2千克、青干草1千克。

加强妊娠后期和哺乳期母羊的饲养，可明显提高羔羊初生体重和发育。妊娠期体重增加7千克以上，所产单羔体重可达4千克以上，双羔体重为3.5千克以上，哺乳日增重为180克以上。

3. 同期发情控制技术

就是使用激素等药物，人为地调控母羊的发情周期的进程，使母羊在1～3天内集中发情，达到集中授精，集中产羔的目的。

目前比较实用的方法是孕激素阴道栓塞法：取一块泡沫塑料，大小如墨水瓶盖，拴上细线，浸入孕激素制剂溶液，塞入母羊子宫颈口，细线的一端引至阴门外（便于拉出），放置10～14天后取出，取出阴道栓当天肌内注射孕马血清促性腺激素（PMSG）400～500 国际单位，一般 30 小时左右即有发情表现，在发情当天和次日各输精 1 次，或放公羊自然交配。

孕激素制剂可选用以下任何一种：黄体酮，500～1000 毫克；甲羟孕酮（MAP），50～70 毫克；氯孕酮（FGA），20～40 毫克；氯地孕酮（CAP），20～30 毫克。后三种制剂效力大大超过黄体酮。孕马血清促性腺激素可诱发发情。其他还有前列腺素 F2α（PGF2α）、15-甲基前列腺素 F2α（15-甲基 PGF2α）、孕马血清促性腺激素（PMSG）、孕激素—前列腺素，但因成本高，应用不多。

4. 繁殖季节的控制

绵羊的繁殖季节是晚夏、秋季及气候温和地区的早冬，繁殖季节的控制就是在集约化肥羔生产中，延长繁育季节。这方面包括对由于季节原因处于乏情的空怀母羊或由于哺乳处于乏情的带羔母羊，采取技术措施，引其正常发情、排卵、受精；在正常配种季节到来之前 1 个月左右，采取一定措施，使配种季节提前开始，合理安排生产计划和提高繁殖率。如此的目的是缩短产羔间隔增加产羔频率。

（1）羔羊实行早期断奶（4 周）　断奶之后对母羊用孕激素制剂处理 10 余天，停药时再注射孕马血清促性腺激素。具体做法与同期发情处理相同，处理时间可多几天，用药量适当提高。但在乏情季节诱导发情配种，排卵率、受胎率和产羔率都比正常繁殖季节低。

（2）调节光照周期　即在配种前进行短日照处理（8 小时日照，16 小时黑暗），可改善乏情季节公母羊的繁殖力和性欲，使配种季节提前到来。

（3）公羊效应　公、母羊分群 1 个月以上，然后在正常配种繁育季节开始之前将结扎输精管的试情公羊放入母羊群中，可对母羊产生性刺激，使母羊提前发情、排卵。新西兰试验用此办法可使 80% 的母羊在 6 天内发情配种。若使用种公羊，还能刺激其睾丸发育和性驾驭能力，并改善公羊精液质量。

5. 诱产双胎

最迟在配种前 1 个月改进日粮，催情补饲，抓好膘情。配种体重每增加 5 千克，双羔率可提高 9%。

孕马血清促性腺激素对提高母羊繁殖率有明显的效果。在发情周期的第 12 或第13 天，一次皮下注射孕马血清促性腺激素 500～1000 国际单位，可促使单羔母羊排双卵。适宜剂量因品种而异。

给配种季节母羊肌内注射孕马血清促性腺激素800国际单位和15-甲基前列腺素F2α-1毫克，双羔率明显提高。注射后3天内发情率达95%以上，繁殖率达156.3%。

在同期发情处理后的周期第12或第13天注射促性腺激素释放激素（GnRH）可使垂体释放促黄体素和促卵泡素，诱发母羊发情排卵，一般以4毫克静脉注射或肌内注射。

除用以上激素处理方法外，还可用免疫法提高排卵率。即以人工合成的外源性固醇类激素作抗原，给母羊进行主动免疫，使机体产生生殖激素抗体，减弱绵羊卵巢固醇类激素对下丘脑垂体轴的负反馈作用，导致促性腺激素释放激素的释放增长，从而提高排卵率。国内产品有：兰州畜牧研究所和内蒙古等地生产的双羔苗（素）于母羊配种前5周和2~3周颈部皮下各注射1次，每次每只1毫升，可提高排卵率55%左右，提高产羔率20%以上。

6. 分娩控制

在产羔季节，控制分娩时间，有针对性地提前或延后，有利于统一安排接羔工作，节约劳力和时间，并提高羔羊成活率，也是有效提高羊群繁殖力有效的方法。

诱发分娩提前到来，常用的药物有地塞米松（15~20毫克）、氟米松（7毫克），在预产前1周内注射，一般36~72小时即可完成分娩。晚上注射比早晨注射引产时间快些。

注射雌激素也可诱发分娩。注射15~20毫克苯甲酸雌二醇（ODB），48小时内几乎全部分娩。用雌激素引产对乳腺分泌有促进作用，提高泌乳量，有利于羔羊增重和发育，但有报道说难产增多。

注射前列腺素F2α（PGF2α）15毫克也可诱发母羊分娩，注射后至分娩平均间隔时间83小时左右。

在生产中经发情同期化处理，并对配种的母羊进行同期诱发分娩最有利，预产期接近的母羊可作为一批进行同期诱发分娩。例如，同期发情配种的母羊妊娠第142天晚上注射，第144天早上开始产羔，持续到第145天全部产完。

第六章 羊的饲养管理

绵羊和山羊属于同科但不同属、种的2个物种。在生物学特性上，它们既有许多共同点，也存在着一定的差异。科学的饲养管理，对养羊生产实现优质高效和促进养羊业的发展具有重要意义。

第一节 羊的日常管理

一、羊的保定

在进行羊只体型外貌鉴定、称重、配种、断尾、去角、去势、剪毛、免疫接种、检疫、疾病诊疗等操作时，需对羊进行适当保定。抓羊应抓腰背处皮毛，不应直接抓腿，以防扭伤羊腿。因羊腿细而长，不可将羊按倒在地使其翻身，否则易造成肠套叠、肠扭转而引起死亡。羊被抓后，即可实施保定。

（1）围抱保定 对于羔羊和体格小的羊，保定人员用两臂在羊的胸前及股后围抱即可固定。必要时，用手握住两角或两耳，固定头部。

（2）骑跨保定 保定人员骑跨羊背，以大腿内侧夹持羊的两侧胸壁，两手紧握两角，或一手抓住角或耳，另一手托住下颌即可保定。若使羊的股部抵在墙角，保定则会更牢固。

（3）倒卧保定 实施去势等手术时，应将羊倒卧保定，操作时保定者俯身从羊的对侧一手抓住两前肢系部，或抓一前肢系部，另一手抓住腹肋部膝襞处扳倒羊体，然后抓两后肢系部，前后一起按住即可。或放倒羊后，一手抓住两前肢系部，另一手捏两后肢系部，使四肢交替叠压在腹侧。

二、羊只编号

羊的个体编号是开展绵羊、山羊育种或进行生产记录工作时不可缺少的技术工作。总的要求是简明、便于识别，不易脱落或字迹不清，有

一定的科学性、系统性，便于资料的保存、统计和管理。

羊的编号常采用金属耳标或塑料标牌，也有采用墨刺法的。农区或半农半牧区饲养山羊，由于羊群较小，可采用耳缺法或烙角法编号。

1. 耳标法

耳标法即用金属耳标或塑料标牌（图6-1）在羊耳的适当位置（耳上缘血管较少处）打孔、安装。金属耳标可在使用前按规定统一打号后分戴。耳标上可打上场号、年号、个体号，个体号可单数代表公羊，双数代表母羊。总字符数不超过8位，有利于资料微机管理。现以“48～50只半细毛羊”育种中采用的编号系统为例加以说明。

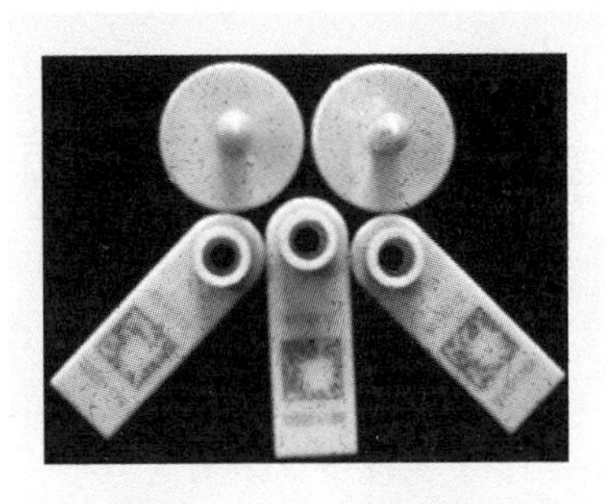

图6-1 羊塑料耳标

1）场号以场名的2个汉字拼音字母代表，如“宜都种羊场”，取“宜都”两字的汉语拼音“Y”和“D”作为该场的场号，即“YD”。

2）年号取公历年份的后2位数，如“2017”取“17”作为年号，编号时以畜牧年度计。

3）个体号根据各场羊群大小，取3位或4位数；尾数单号代表公羊，双数代表母羊。可编出1000～10000只羊的耳号。

例如，“YD17034”代表宜都种羊场2017年度出生的母羔，个体为34。

塑料标牌在佩带前用专用书写笔写上耳号，编号方法同上。对在丘陵山区或其他灌丛草地放牧的绵羊和山羊，编号时提倡佩带双耳标，以免因耳标脱落给育种资料管理造成损失。使用金属耳标时，可将打有字号的一面戴在耳郭内侧，以免因长期摩擦造成字迹缺损和模糊。

2. 耳缺法

不同地区在耳缺的表示方法及代表数字大小上有一定差异，但原理是一致的，即用耳部缺口的位置、数量来对羊进行个体编号。数字排列、大小的规定可视羊群规模而异，但同一地区、同一羊场的编号必须统一。耳缺法一般遵循上大、下小、左大、右小的原则。编号时尽可能减少缺口数量，缺口之间的界线应清晰、明了，编号时要对缺口认真消毒，防止感染。

3. 墨刺法

墨刺法即用专用墨刺钳在羊的耳郭内刺上羊的个体号。这种方法简便经济，无掉号危险。但常常由于字迹模糊而难于辨认，目前已较少使用。

4. 烙角法

烙角法即用烧红的钢字将编号依次烧烙在羊的角上。此法对公、母羊均有角的品种较适用。在细毛羊育种中，可作为种公羊的辅助编号方法。此法无掉号危险，检查起来也很方便，但编号时较耗费人力和时间。

三、羔羊断尾

断尾仅针对长瘦尾型的绵羊品种，如纯种细毛羊、半细毛羊及其杂种羊。目的是保持羊体清洁卫生、保护羊种品质，便于配种。羔羊出生后2~3周龄内断尾。断尾时间应选在晴天的早上，用断尾铲进行断尾，具体方法有以下2种：

（1）热断法　这种方法使用较普遍。断尾时，需一特制的断尾铲和2块20厘米见方（厚3~5厘米）的木板，在一块木板的一端的中部，锯1个半圆形缺口，两侧包以铁皮。术前，用另一木板衬在条凳上，由一人将羔羊背贴木板进行保定，另一人携带缺口的木板卡住羔羊尾根部（距肛门约4厘米），并用烧至暗红的断尾铲将尾切断，下切的速度不宜过快，用力均匀，使断口组织在切断时受到烧烙，起到消毒、止血的作用。尾断下后，如果有少量出血，可用断尾铲烫一烫即可止住，最后用碘酒消毒。

（2）结扎法　用橡胶圈在距尾根4厘米处将羊尾紧紧扎住，阻断尾下段的血液流通，经10天左右，尾下段自行脱落。此法在国内尚不普及，但值得提倡。

四、山羊去角

羔羊去角是山羊饲养管理的重要环节。山羊有角容易发生创伤，不便于管理，个别性情暴烈的种公羊会攻击饲养员，造成人身伤害。因此，采用人工方法去角十分重要。羔羊一般在生后7~10天内去角，对羊的损伤小。人工哺乳的羔羊，最好在学会吃奶后进行。有角的羔羊出生后，角蕾部呈漩涡状，触摸时有一较硬凸起。去角时，先将角蕾部分的毛剪掉，剪的面积要稍大一些（直径约3厘米）。去角的方法主要有以下2种：

（1）烧烙法　将烙铁于炭火中烧至暗红（也可用功率为300瓦左右的电烙铁）后，对保定好的羔羊的角基部进行烧烙，烧烙的次数可多一些，但每次烧烙的时间不超过10秒，当表层皮肤破坏，并伤及角原组织后可结束，对术部应进行消毒。在条件较差的地区，也可用2～3根40厘米长的锯条代替烙使用。

（2）化学去角法　即用棒状苛性碱（氢氧化钠）在角基部摩擦，破坏其皮肤和角原组织。术前应在角基部周围涂抹一圈医用凡士林，防止碱液损伤其他部分的皮肤。操作时先重、后轻。将角基擦至有血液浸出即可。摩擦面积要稍大于角基部。术后应将羔羊后肢适当捆住（松紧程度以羊能站立和缓慢行走即可）。由母羊哺乳的羔羊，在半天以内应与母羊隔离；哺乳时，也应尽量避免羔羊将碱液污染到母羊的乳房上而造成损伤。去角后，可给伤口撒上少量的消炎药粉。

五、公羊去势

凡不宜作种用的公羔要进行去势，去势时间一般为1～2月龄，多在春、秋两季气候凉爽、晴朗的时候进行。羔羊去势手术简单、操作容易，去势后羔羊恢复较快。去势的方法有阉割法和结扎法2种。

（1）阉割法　将羊保定后，用碘酒和酒精对术部消毒，术者左手握紧阴囊的上端将睾丸压迫至阴囊的底部，右手用刀在阴囊下端与阴囊中隔平行的位置切开，切口大小以能挤出睾丸为宜；睾丸挤出后，将阴囊皮肤向上推，暴露精索，采用剪断或拧断的方法均可。在精索断端涂以碘酒消毒，在阴囊皮肤切口处撒上少量消炎药粉即可。

（2）结扎法　术者左手握紧阴囊基部，右手撑开橡皮圈将阴囊套入，反复扎紧，以阻断下部的血液流通。约经15天，阴囊连同睾丸自然脱落。此法较适合1月龄左右的羔羊。在结扎后，要注意检查，以防止橡皮圈断裂或结扎部位发炎、感染。

六、羊只修蹄

修蹄是羊保健工作的重要内容，对舍饲奶山羊尤为重要。羊蹄过长或变形，会影响羊的行走，发生蹄病，甚至造成羊只残疾。奶山羊每1～2个月应检查和修蹄1次，其他羊只可每半年修蹄1次。

修蹄可选在雨后进行，此时蹄壳较软，容易操作。修蹄的工具主要有蹄刀、蹄剪（也可用其他刀、剪代替）。修蹄时，羊呈坐姿保定，背靠操作者；一般先从左前肢开始，术者用左腿架住羊的左肩，使羊的左前膝靠在人的膝盖上，左手握蹄，右手持刀、剪，先除去蹄下的污泥，再将蹄底削平，剪去过长的蹄壳，将羊蹄修成椭圆形。

修蹄时要细心操作，动作准确、有力，要一层一层地往下削，不可一次切削过深；一般削至可见到浅红色的微血管为止，不可伤及蹄肉。修完前蹄后，再修后蹄。修蹄时若不慎伤及蹄肉，造成出血时，可视出血多少采用压迫止血或烧烙止血方法；烧烙时应尽量减少对其他组织的损伤。

七、药浴保健

药浴的目的是预防和治疗羊体外寄生虫病，如羊疥癣、羊虱等。

疥癣等外寄生虫病对绵羊的产毛量和羊毛品质都有不良影响；一旦发生疥癣，就很容易在羊群内蔓延，造成巨大的经济损失。除对病羊及时隔离并严格进行圈舍消毒、灭虫外，药浴是防止疥癣等外寄生虫病的有效方法。定期药浴是绵羊饲养管理的重要环节。

药浴时间一般在剪毛后 10 ~ 15 天。这时羊皮肤的创口基本愈合，毛茬较短，药液容易浸透，防治效果很好。常用的药品有螨净等。在专门的药浴池或大的容器内进行。目前，国内外也在推广喷雾法药浴，但设备投资较高，国内中、小羊场和农户一时还难以采用。

为保证药浴安全有效，除按不同药品的使用说明书正确配制药液外，在大批羊只药浴前，可用少量羊只进行试验，确认不会引起中毒时，才能让大批羊只药浴。在使用新药时，这点尤其重要。

羊只药浴时，要保证全身各部位均要洗到，药液要浸透被毛，要适当控制羊只通过药浴池的速度；对头部，需用人工浇一些药液淋洗，但要避免药液灌入羊的口腔。当药浴的羊只较多时，中途应补充水和药液，使其保持适宜的浓度。对疥癣病患羊可在第一次药浴后 7 天，再进行 1 次药浴，结合局部治疗，使其尽快痊愈。

羊移动药浴池药浴

八、捉羊引羊

在饲养山羊的过程中，经常需要捉羊、引羊前进。所以捉羊、引羊是每个饲养员应掌握的实用技术。如果乱捉、乱引山羊，方法和姿势不对，都会造成不良后果。特别是种公山羊，胆子大、性烈，搞不好将会伤羊、伤人，这种现象在生产上常有发生。

1. 捉羊

捉羊的正确方法是趁山羊没有防备的时候，迅速地用一手捉住山羊的后肋。因为此处皮肤松、柔软，容易抓住。或者用手迅速抓住其后肢

飞节以上的部位，但不要抓飞节以下的部位，以免引起脱臼，除这两个部位外，其他部位不可乱抓，特别是背部的皮肤最容易与肌肉分离，如果抓羊时不够细心，往往会使皮肤下的微细血管破裂，受伤的皮肤颜色变深，要2周后才能恢复正常。

2. 引羊

引羊就是牵引山羊前进。山羊性情固执，不能强拉前进，而应用一手扶在山羊的颈下部，以便控制其前进方向；另一手在山羊尾根部搔痒，山羊即随人意前进。若此方法不生效，可用两手分别握山羊的两后肢，将后躯提高，使两后躯离地。因其身体重心向前移，再加上捉羊人用力向前推，山羊就会向前推进。

第二节　羊饲养管理的一般原则

1. 青粗饲料为主，精料为辅

羊属草食性反刍动物，应以饲喂青粗饲料为主，根据不同季节和生长阶段，将营养不足的部分用精料补充。有条件的地区尽量采取放牧、青刈等形式来满足其对营养物质的需要，而在枯草期或生长旺期可用精料加以补充。配合饲料时应以当地的青绿多汁饲料和粗饲料为主，尽量利用本地价格低、数量多、来源广、供应稳定的各种饲料。这样，既符合羊的消化生理特点，又能利用植物性粗饲料，从而达到降低饲料成本、提高经济效益的目的。

2. 合理地搭配饲料，力求多样化，保证营养的全价性

为了提高羊的生产性能，应依据本场羊的种类、年龄、性别、生物学不同时期和饲料来源、种类、储备量、质量、羊的管理条件等，科学合理地搭配饲料，以满足羊对营养物质的需要。做到饲料多样化，可保证日粮的全价性，提高机体对营养物的利用效率，是提高羊生产性能的必备条件。同时，饲料的多样化和全价性，能提高饲料的适口性，增强羊的食欲，促进消化液的分泌，提高饲料利用效率。

3. 坚持饲喂的规律性

羊在人工圈养条件下，其采食、饮水、反刍、休息都有一定的规律性（彩图30）。每天定时、定量、有顺序地饲喂粗、精饲料，投喂要有先后顺序，使羊建立稳固的条件反射，有规律地分泌消化液，促进饲料的消化吸收。现羊场多实行每昼夜饲喂3次，自由饮水终日不断的饲喂方式。先投粗饲料，吃完后再投混合精料。对放牧饲养的羊群，应在归

牧后补饲精料。在饲养过程中，严格遵守饲喂的时间、顺序和次数，就会使羊形成良好的进食规律，减少疾病的发生，提高生产力。

4. 保持饲料品质、饲料量及饲料种类的相对稳定

养羊生产具有明显的季节性，季节不同，羊所采食的饲料种类也不同。因此，饲养中要随季节变更饲料。羊对采食的饲料具有一种习惯性。瘤胃中的微生物对采食的饲料也有一定的选择性和适应性，当饲料组成发生骤变时，不仅会降低羊的采食量和消化率，而且可影响瘤胃中微生物的正常生长和繁殖，进而使羊的消化机能紊乱和营养失调，因此，饲料的增、减、变换应有一个相适应的渐进过程。这里必须强调的是混合精料量的增加一定要逐渐进行，谨防加料过急，引起羊的消化障碍，在以后的很长时间里吃不进混合精料，即所谓“顶料”。为防止顶料，在增加饲料时最好每四五天加料 1 次，减料可适当加大幅度。

5. 充分供应饮水

水对饲料的消化吸收、机体内营养物质的运输和代谢、整个机体的生理调节均有重要作用。羊在采食后，饮水量大而且次数多，因此，每天应供给羊只足够的清洁饮水。夏季高温时要加大供水量，冬季以饮温水为宜。

注意

要注意水质清洁卫生，经常刷洗和消毒水槽，以防各种疾病的发生。

6. 合理布局与分群管理

应根据羊场规模与圈舍条件、羊的性别与年龄等进行科学合理布局和分群（彩图 31）。一般在生产区内，公羊舍占上风向，母羊舍占下风向，羔羊居中。

根据羊的种类、性别、年龄、健康状况、采食速度等进行合理的分群，可避免混养时出现强欺弱、大欺小、健欺残的现象，使不同的羊只均得到正常的生长发育、生产性能发挥，也有利于弱病羊只体况的恢复。

第三节 各类羊的饲养管理

一、种公羊的饲养管理

在现代养羊业中，人工授精技术得到广泛的应用，需要的种公羊不

多，因而对种公羊品质的要求越来越高。种公羊的饲养应常年保持结实健壮的体质，达到中等以上的种用体况，并具有旺盛的性欲和良好的配种能力，精液品质好。要达到这样的目的，必须做到以下几点：

第一，应保证饲料的多样性，精粗饲料合理配比，尽可能保证青绿多汁饲料全年较均衡地供给。在枯草期较长的地区，要准备较充足的青贮饲料。同时，要注意矿物质、维生素的补充。

第二，日粮应保持较高的能量和粗蛋白质水平，即使在非配种季节内，种公羊也不能单一饲喂粗料或青绿多汁饲料，必须补饲一定的混合精料。

第三，种公羊必须有适度的放牧和运动时间，这对非配种季节种公羊的饲养尤为重要，以免因过肥而影响配种能力。

1. 非配种季节的饲养管理

种公羊在非配种季节的饲养以恢复和保持其良好的种用体况为目的。配种结束后，种公羊的体况都有不同程度的下降，为使体况很快恢复，在配种刚结束的1~2个月内，种公羊的日粮应与配种季节基本一致，但对日粮的组成可做适当调整，增加优质青干草或青绿多汁饲料的比例，并根据体况的恢复情况，逐渐转为饲喂非配种季节的日粮。

在我国的北方地区，羊的繁殖季节很明显，大多集中在9~11月（秋季），非配种季节较长。在冬季，种公羊的饲养要保持较高的营养水平，既有利于体况恢复，又能保证其安全越冬度春。做到精、粗饲料合理搭配，补喂适量青绿多汁饲料（或青贮饲料），在混合精料中应补充一定的矿物质元素。混合精料的用量不低于0.5千克，优质干草2~3千克。种公羊在春、夏两季以放牧为主，每天补喂少量的混合精料和干草。

在我国南方大部分低山地区，气候比较温和，雨量充沛，牧草的生长期长、枯草期短，加之农副产品丰富，羊的繁殖季节可表现为春、秋两季，部分母羊可全年发情配种。因此，对种公羊全年均衡饲养尤为重要。除搞好放牧、运动外，每天应补饲0.5~1千克混合精料和一定的优质干草。

2. 配种季节的饲养管理

种公羊在配种季节内要消耗大量的养分和体力，因配种任务或采精次数不同，个体之间对营养的需要量相差很大。对配种任务繁重的优秀种公羊，每天应补饲1.5~3千克的混合精料，并在日粮中增加部分动物性蛋白质饲料（如蚕蛹粉、鱼粉、血粉、肉骨粉、鸡蛋等），以保持其良好的精液品质。配种季节种公羊的饲养管理要做到认真、细致，要经常观察羊的采食、饮水、运动及粪、尿排泄等情况。保持饲料、饮水的清洁卫生，若有剩料应及时清除，减少饲料的污染和浪费。青干草要放入草架饲喂。

在南方地区，夏季高温、潮湿，对种公羊不利，会造成精液品质下降。种公羊的放牧应选择高燥、凉爽的草场，尽可能充分利用早、晚进行放牧，中午将公羊赶回圈内休息。种公羊舍要通风良好。如有可能，种公羊舍应修成带漏缝地板的双层式楼圈或在羊舍中铺设羊床。

在配种前1.5～2个月，逐渐调整种公羊的日粮，增加混合精料的比例，同时进行采精训练和精液品质检查。开始时每周采精检查1次，以后增至每周2次，并根据种公羊的体况和精液品质来调节日粮或增加运动。

对精液稀薄的种公羊，应增加日粮中蛋白质饲料的比例；当精子活力差时，应加强种公羊的放牧和运动。种公羊的采精次数要根据羊的年龄、体况和种用价值来确定。对1.5岁左右的种公羊每天采精1～2次为宜，不要连续采精；成年公羊每天可采精3～4次，有时可达5～6次，每次采精应有1～2小时的间隔时间。特殊情况下（种公羊少而发情母羊多），成年公羊可连续采精2～3次。采精较频繁时，也应保证种公羊每周有1～2天的休息时间，以免因过度消耗养分和体力而造成体况明显下降。

二、母羊的饲养管理

母羊是羊群发展的基础。母羊数量多，个体差异大。为保证母羊正常发情、受胎，实现多胎、多产，羔羊全活、全壮，母羊的饲养管理不仅要从群体营养状况来合理调整日粮，对少数体况较差的母羊应单独组群饲养。对妊娠母羊和带仔母羊，要着重搞好妊娠后期和哺乳前期的饲养和管理。

1. 空怀期的饲养管理

羊的配种繁殖因地区及气候条件的不同而有很大的差异。北方牧区，羊的配种集中在9～11月。母羊经春、夏两季放牧饲养，体况恢复较好。对体况较差的母羊，可在配种开始前1～1.5个月放到牧草生长良好的草场进行抓膘。

对少数体况很差的母羊，每天可单独补喂0.3～0.5千克混合精料，使其在配种季节内正常发情、受胎。南方地区，母羊的发情相对集中在晚春和秋季（4～5月，9～11月）或四季均可发情。为保持母羊良好的配种体况，应尽可能做到全年均衡饲养，尤其应搞好母羊的冬春补饲。母羊配种受胎后的前3个月内，对能量、粗蛋白质的要求与空怀期相似，但应补喂一定的优质蛋白质饲料，以满足胎儿生长发育和组织器官分化对营养物质（尤其是蛋白质）的需要。初配母羊的营养水平应略高于成年母羊，日粮的混合精料比例为5%~10%。

2. 妊娠期的饲养管理

对妊娠母羊饲养管理的任务是保好胎，并使胎儿发育良好。胎儿最初的3个月对母体营养物质的需要量并不太大，以后随着胎儿的不断发育，对营养的需要量越来越大。妊娠后期是羔羊获得初生体重大、毛密、体型良好以及健康的重要时期，因此应当精心喂养。补饲精料的标准要根据母羊的生产性能、膘情和草料的质量而定。在种羊场母羊生产性能一般都很高，同时也有饲料基地，可按营养要求给予补饲。草料条件不充足的经济羊场和专业户羊群，可本着优先照顾、保证重点的原则安排饲料。在饲喂过程中，应注意以下几点：

（1）妊娠母羊的饲养管理　对妊娠母羊的饲养管理不当，很容易引起流产和早产。要严禁喂发霉、变质、冰冻或其他异常饲料，禁忌空腹饮水和饮冰渣水，不饮温度很低的水。出牧、归牧、饮水、补饲都要有序、慢、稳，防止拥挤、滑跌，严防跳崖、跳沟，应特别注意不要无故捉捉、惊扰羊群，及时阻止两羊间的角斗。母羊在妊娠后期不宜进行防疫注射。

（2）妊娠前期的饲养管理　妊娠前期（约3个月）因胎儿发育较慢，需要的营养物质少，一般放牧或给予足够的青草，适量补饲即可满足需要。

（3）妊娠后期的饲养管理　在妊娠后期胎儿的增重明显加快，母羊自身也需贮备大量的养分，为产后泌乳做准备。妊娠后期母羊腹腔容积有限，对饲料干物质的采食量相对减小，饲料体积过大或水分含量过高均不能满足母羊的营养需要。因此，要搞好妊娠后期母羊的饲养，除提高日粮的营养水平外，还必须考虑组成日粮的饲料种类，增加混合精料的比例。在妊娠前期的基础上，能量和可消化蛋白质分别提高20%~30%和40%~60%，钙、磷增加1~2倍［钙、磷比例为（2~2.5）:1］。产前8周，日粮的混合精料比例提高到20%，产前6周为25%~30%，而在产前1周，要适当减少混合精料用量，以免胎儿体重过大而造成难产。妊娠后期母羊的管理要细心、周到，在进出圈舍及放牧时，要控制羊群，避免拥挤或急驱猛赶；补饲、饮水时要防止拥挤和滑倒，否则易造成流产。除遇暴风雪天气外，母羊的补饲和饮水均可在运动场内进行，增加母羊户外活动的时间，干草或鲜草用草架投喂。产前1周左右，夜间应将母羊放于待产圈中饲养和护理。

3. 哺乳前期的饲养管理

母羊产羔后泌乳量逐渐上升，在4~6周内达到泌乳高峰，10周后逐渐下降（乳用品种可维持更长的时间）。随着泌乳量的增加，母羊需要的养分也应增加，当草料所提供的养分不能满足其需要时，母羊会大量动用体内储备的养分来弥补，泌乳性能好的母羊往往比较瘦弱，这是一个重要原因。在哺乳前期（羔羊出生后2个月内），母乳是羔羊获取营养的主要来源。为满足羔羊生长发育对养分的需要，保持母羊的高泌乳量是关键。在加强母羊放牧的前提下，应根据带羔的多少和泌乳量的高低，搞好母羊补饲。带单羔的母羊，每天补喂混合精料0.3~0.5千克；带双羔或多羔的母羊，每天应补饲0.5~1.5千克。对体况较好的母羊，产后1~3天内可不补喂混合精料，以免造成消化不良或发生乳腺炎。为调节母羊的消化机能，促进恶露排出，可喂少量轻泻性饲料（如在温水中加入少量麦麸喂羊）。3天后逐渐增加精料的用量，同时给母羊饲喂一些优质青干草和青绿多汁饲料，可促进母羊的泌乳机能。

4. 哺乳后期的饲养管理

哺乳后期母羊的泌乳量下降，即使加强母羊的补饲，也不能继续维持其高的泌乳量，单靠母乳已不能满足羔羊的营养需要。此时羔羊也已具备一定的采食和利用植物性饲料的能力，对母乳的依赖程度减小。在泌乳后期应逐渐减少对母羊的补饲，到羔羊断奶后母羊可完全采用放牧饲养，但对体况下降明显的瘦弱母羊，需补喂一定的干草和青贮饲料，使母羊在下一个配种季节到来时能保持良好的体况。

三、羔羊的饲养管理

哺乳期的羔羊是一生中生长发育强度最大而又最难饲养的一个阶段，稍有不慎不仅会影响羊的发育和体质，还可造成羔羊发病率和死亡率增加，给养羊生产造成重大损失。羔羊在哺乳前期主要依赖母乳获取营养，母乳充足时羔羊发育好、增重快、健康活泼。母乳可分为初乳和常乳，母羊产后第一周内分泌的乳叫初乳，以后的为常乳。初乳浓度大，养分含量高，尤其是含有大量的抗体球蛋白和丰富的矿物质元素，可增强羔羊的抗病力，促进胎粪排泄。应保证羔羊在产后15~30分钟内吃到初乳。羔羊的早期诱食和补饲，是羔羊培育的一项重要工作。

羔羊出生后7～10天，在跟随母羊放牧或采食饲料时，会模仿母羊的行为，采食一定的草料。此时，可将大豆、蚕豆、豌豆等炒熟，粉碎后撒于饲槽内对羔羊进行诱食。初期，每只羔羊每天喂10～50克即可，待羔羊习惯以后逐渐增加补喂量。羔羊补饲应单独进行，当羔羊的采食量达到100克左右时，可用含粗蛋白质24%左右的混合精料进行补饲。到哺乳后期，羔羊在白天可单独组群，划出专用草场放牧，结合补饲混合精料，优质青干草可投放在草架上任其自由采食，以禾本科和豆科青干草为好。羔羊的补饲应注意以下几个问题：①尽可能提早补饲；②当羔羊习惯采食饲料后，所用的饲料要多样化、营养好、易消化；③饲喂时要做到少喂勤添；④要做到定时、定量、定点；⑤保证饲槽和饮水的清洁卫生。

要加强羔羊的管理，适时去角（山羊）、断尾（绵羊）、去势，搞好疫苗注射。羔羊出生时要进行称重；7～15天内进行编号、去角或断尾；2月龄左右对不符合种用要求的公羔进行去势。生后7天以上的羔羊可随母羊就近放牧，增加户外活动的时间。对少数因母羊死亡或缺奶而表现瘦弱的羔羊，要搞好人工哺乳或寄养工作。

羔羊一般采用一次性断奶。断奶时间要根据羔羊的月龄、体重、补饲条件和生产需要等因素综合考虑。在国外工厂化肥羔生产中，羔羊的断奶时间为4～8周龄；国内常采用4月龄断奶。

对早期断奶的羔羊，必须提供符合其消化特点和营养需要的代乳饲料，否则会造成巨大损失。羔羊断奶时的体重对断奶后的生长发育有一定影响。根据我们的实践经验，半细毛改良羊公羔体重达15千克以上，母羔达12千克以上，山羊羔体重达9千克以上时断奶比较适宜。体重过小的羔羊断奶后，生长发育明显受阻。如果受生产条件的限制，部分羔羊需提早断奶时，必须单独组群，加强补饲，以保证羔羊生长发育的营养需要。

初生羔羊体质较弱，适应能力低，抵抗力差，容易发病。因此要加强护理，保证成活及健壮。

羔羊时期发生最多的是“三炎一痢”，即肺炎、肠胃炎、脐带炎和羔羊痢。要降低羔羊发病死亡率，提高羔羊的成活率，应注意做到：

（1）吃好初乳 羔羊出生后，一般十几分钟即能站起，寻找母羊乳头。第一次哺乳应在接产人员护理下进行，使羔羊尽早吃到初乳。如果一胎多羔，不能让第一个羔羊把初乳吃净，要使每个羔羊都能吃到初乳。

（2）羔舍保温 羔羊出生后体温调节机能不完善，羔舍温度过低，会使羔羊体内能量消耗过多，体温下降，影响羔羊健康和正常发育。一般冬季羔舍温度保持在5℃。冬季注意产后3~7天内，不要把羔羊和母羊牵到舍外有风的地方。7日龄后母羊可到舍外放牧或食草，但不要走得太远。

（3）代乳或人工补乳 一胎多羔或产羔母羊死亡或因母羊乳房疾病无奶等原因引起羔羊缺奶，应及时采取代乳和人工哺乳的方法解决。加强对缺奶羔羊的补饲，无母羊的羊羔应尽早找保姆羊。对缺奶羔羊进行牛奶或人工乳补饲时，要掌握好温度、时间、喂量及注意卫生。

人工初乳的奶源包括牛奶、羊奶、代乳品和全脂奶粉。应定时、定量、定温、定次数。一般7日龄内每天5~9次，8~12日龄每天4~7次，以后每天3次。

人工哺乳在羔羊少时用奶瓶，多时用哺乳器（一次可供8只羔羊同时吸乳）。使用牛奶、羊奶应先煮沸消毒。10日龄以内的羔羊不宜补喂牛奶。若使用代乳品或全脂奶粉，宜先用少量羔羊初试，证实无腹泻、消化不良等异常表现后再大面积使用。

注意

初生羔羊不能喂玉米糊或小米粥。

（4）搞好圈舍卫生 羔羊舍应宽敞，干燥卫生，温度适中，通风良好。羔羊痢多发生于产羔10天后，原因就在于此时的棚圈污染程度加重。此时应认真做好脐带消毒，哺乳和清洁用具的消毒，严重病羔要隔离，死羔和胎衣要集中处理。

（5）安排好吃乳和放牧时间 若母子分群放牧时，应合理安排放牧母羊时间，使羔羊吃乳的时间均匀一致。初生羔饲养7天后可将羔羊赶到日光充足的地区自由活动，3周后可随母羊放牧，开始走近些，选择平坦、背风向阳、牧草好的地区放牧。30日龄后，羔羊可编群游牧，不要去低湿、松软的牧地放牧。

注意

放牧时，注意从小就训练羔羊听从口令。

（6）疫病防治 羔羊出生一周后，容易患痢疾，应采取综合措施防

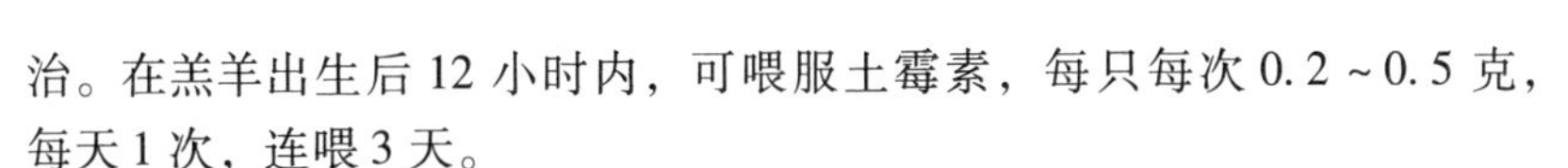

治。在羔羊出生后12小时内，可喂服土霉素，每只每次0.2~0.5克，每天1次，连喂3天。

对羔羊要经常仔细观察，做到有病及时治疗。一旦发现羔羊有病，要立刻隔离，认真护理，及时治疗。羊舍粪便、垫草要焚烧。被污染的环境及土壤、用具等要用0.1%新洁尔灭喷雾消毒。

(7) 杜绝人为事故发生　主要是管理人员缺乏经验，责任心不强。事故主要是放牧丢失，下夜疏忽、看护不周等。

(8) 适时断乳　断乳应逐渐进行，一般经7~10天完成。开始断乳时，每天早晚仅让母子在一起哺乳2次，以后1次，逐渐断乳。断乳时间在3~4月龄，断乳羔羊应按性别、大小分群饲养。

提示

只要对羔羊认真做到早喂初乳，早期补饲。生后7~10天开始喂青干草和饮水，10~20天喂混合精料，早断乳、及时查食欲、查精神、查粪便，就能保证羔羊成活率，降低死亡率。

四、育成羊的饲养管理

育成羊是指断奶后至第一次配种前这种年龄段的幼龄羊。在生产中一般将羊的育成期分为2个阶段，即育成前期（4~8月龄）和育成后期（8~18月龄）。

育成前期，尤其是刚断奶不久的羔羊，生长发育快，瘤胃容积有限且机能不完善，对粗料的利用能力较弱。这种阶段饲养的好坏，是影响羊的体格大小、体型和成年后的生产性能的重要阶段，必须引起高度重视，否则会给整个羊群的品质带来不可弥补的损失。育成前期羊的日粮应以混合精料为主，结合放牧或补喂优质青干草和青绿多汁饲料，日粮的粗纤维含量以15%~20%为宜。

育成后期羊的瘤胃消化机能基本完善，可采食大量的牧草和农作物秸秆。这种阶段，育成羊可以放牧为主，结合补饲少量的混合精料或优质青干草。粗劣的秸秆不宜用来饲喂育成羊，即使要用，在日粮中的比例也不可超过20%~25%，使用前还应进行合理的加工调制。

五、育肥羊的饲养管理

肉羊的育肥是在较短的时期内采用不同的育肥方法，使肉羊达到体壮膘肥，适于屠宰。根据肉羊的年龄，分为羔羊育肥和成年羊育肥。羔羊育肥是指1岁以内没有换永久齿幼龄羊的育肥；成年羊育肥是指成年羯羊和淘汰老弱母羊的育肥。

我国绵羊、山羊的育肥方法有放牧育肥、舍饲育肥和半放牧半舍饲育肥3种形式。

（1）放牧育肥 放牧育肥是我国常用的最经济的肉羊育肥方法。通过放牧让肉羊充分采食各种牧草和灌木枝叶，以较少的人力、物力获得较高的增重效果。放牧育肥的技术要点有以下几方面：

1）选育放牧草场，分区合理利用。根据羊的种类和数量，选择适宜的放牧地。育肥绵羊宜选择地势较平坦、以禾本科牧草和杂类草为主的放牧地；而育肥山羊宜选择灌木丛较多的山地草场（彩图32）。充分利用夏、秋两季天然草场牧草和灌木枝叶生长茂盛、营养丰富的时期搞好放牧育肥。放牧地较宽的，应按地形划分成若干小区实行分区轮牧，每个小区放牧2~3天后再移到另一个小区放牧，使羊群能经常吃到鲜绿的牧草和枝叶，同时也使牧草和灌木有再生的机会，有利于提高产草量和利用率。

2）加强放牧管理，提高育肥效果。放牧育肥的肉羊要尽量延长每天放牧的时间。夏秋时期气温较高，要做到早出牧晚收牧，每天至少放牧12小时以上，甚至可采用夜间放牧，让肉羊充分采食，加快增重长膘。在放牧过程中要尽量减少驱赶羊群的次数，使羊能安静采食，减少体能消耗。中午阳光强烈、气温过高时，可将羊群驱赶到背阴处休息。

3）适当补饲，加快育肥。在雨水较多的夏、秋两季，牧草含水分较多，干物质含量相对较少，单纯依靠放牧的肉羊，有时不能完全满足快速增重的要求。因此，为了提高育肥效果，缩短育肥时期，增加出栏体重，在育肥后期可适当补饲混合精料，每天每只羊0.2~0.3千克，补饲期约1个月，育肥效果可明显提高。

（2）舍饲育肥 舍饲育肥就是以育肥饲料在羊舍饲喂肉羊。其优点是增重快，肉质好，经济效益高。适于缺少放牧草场的地区和工厂化专业肉羊生产使用。舍饲育肥的羊舍可建造成简易的半敞式羊舍，或利用旧房改造，并备有草架和饲槽。舍饲育肥的关键，是合理配制与利用育肥饲料。育肥饲料由青粗饲料、各种农副产品和各种混合精料组成，如干草、青草、树叶、作物秸秆，各种糠、糟、油饼、食品加工糟渣等。

育肥时期为2~3个月。初期青粗饲料占日粮的60%~70%，混合精

料占30%~40%，后期混合精料可加大到60%~70%。为了提高饲料的消化率和利用率，秸秆饲料可进行氨化处理，粮食籽粒要粉碎，有条件的可加工成颗粒饲料。青粗饲料要任羊自由采食，混合精料可分为上、下午补饲2次。

舍饲育肥期的长短要因羊而异，羔羊断奶后经60~100天，体重达到30~40千克时即可出栏。成年羊经40~60天短期舍饲育肥出栏。育肥时期过短，增重效果不明显；时间过长，到后期肉羊体内积蓄过多的脂肪，不适合市场要求，饲料报酬也不高。育肥饲料中要保持一定数量的蛋白质营养。蛋白质不足，肉羊体内瘦肉比例会减少，脂肪的比例会增加。为了补充饲料中的蛋白质，或弥补蛋白质饲料的缺乏，可补饲尿素。补饲尿素的数量只能占饲料干物质总量的2%，不能过多，否则会引起尿素中毒。尿素应加在混合精料中充分混匀后饲喂，不能单独喂，也不能加在饮水中喂。一般羔羊断奶后每天可喂10~15克，成年羊可喂20克。

（3）半放牧半舍饲育肥 半放牧半舍饲育肥是放牧与补饲相结合的育肥方式，我国农村大多数地区可采用这种方式，既能利用夏秋牧草生长旺季进行放牧育肥，又可利用各种农副产品及少量混合精料进行后期催肥，提高育肥效果。半放牧半舍饲育肥可采用2种方式：一种是前期以放牧为主，舍饲为辅，少量补料，后期以舍饲为主，多补混合精料，适当就近放牧采食。另一种是前期利用牧草生长旺季全天放牧，使羔羊早期骨骼和肌肉充分发育，后期进入秋末冬初转入舍饲催肥，使肌肉迅速增长，蓄积脂肪，经30~40天催肥，即可出栏。一些老残羊和瘦弱的羯羊在秋末集中1~2个月舍饲育肥，可利用农副产品和少量混合精料补饲催肥，也是一种费用较少、经济效益较高的育肥方式。

第七章 羊场的建造

第一节 羊舍选址的基本要求和原则

一、羊舍选址的基本要求

1. 地形、地势

因为绵羊、山羊均喜干燥，厌潮湿，所以干燥通风、冬暖夏凉的环境是羊只最适宜的生活环境。因此，羊舍地址要求地势较高、避风向阳、地下水位低、排水良好、通风干燥、南坡向阳。

禁忌

切忌选在低洼涝地、山洪水道、冬季风口之地。

2. 水源

羊的生产需水量比较大，除了羊只饮用以外，羊舍的冲洗也需要大量的水。在选择场址时应该重点考虑水源。水源应充足、清洁、无严重污染源，上游地区无严重排污厂矿、无寄生虫污染危害区。以舍饲为主时，水源以自来水为最好，其次是井水。舍饲羊每天需水量大于放牧羊，夏秋季大于冬春季。

3. 交通便利，能保证防疫安全

羊场距离主干道500米以上，有专用道路与公路相连，避免将养殖区连片建在紧靠主要公路的两侧，有良好的水、电、路等公用设施配套条件。场内兽医室、病畜隔离室、贮粪池、尸坑等应位于羊舍的下风方向，距离500米以外。各圈舍间应有一定的隔离距离。羊舍的位置还应该考虑远离居民区和其他人口较为密集的地区。

4. 避免人畜争地

选择荒坡闲置地或农业种植区域，禁止选择基本农田保护区。有广袤的种植区域，较大的粪污吸纳量及建设配套的排污处理设施场地，使有机废弃物经处理达标后能够循环利用。禁止在旅游区、自然保护区、人口密集区、水源保护区、环境公害污染严重的地区及国家规定的禁养区建设。

二、修建羊场应遵循的原则

1. 因地制宜

因地制宜是指羊场的规划、设计及建筑物的营造绝对不可简单模仿，应根据当地的气候、场址的形状、地形地貌、小气候、土质及周边实际情况进行规划和设计。例如，平地建场时，必须搭棚盖房；而在沟壑地带建场时，挖洞筑窑作为羊舍及用房将更加经济适用。

2. 经济适用

经济适用是指建场修圈不仅必须能够适应集约化、程序化肉羊生产工艺流程的需要和要求，而且投资还必须要少。也就是说，该建的一定要建，而且必须建好，与生产无关的绝对不建，绝不追求奢华。因为肉羊生产毕竟仅是一种低附加值的产业，任何原因造成的生产经营成本的增加，要以微薄的盈利来补偿都是不易的（彩图 33、彩图 34）。

3. 急需先建

急需先建是指羊场的选址、规划、设计全都做好以后，一般不可从一开始就全面开放，等把全部场舍都建设齐全以后再开始养羊，应当根据经济能力办事，先根据达到能够盈利规模的需要进行建设，并使羊群尽快达到这种规模。

4. 逐步完善

一个羊场，特别是大型羊场，基本设施的建设一般都是应该分期分批进行的，像单身母羊舍、配种室、妊娠母羊舍、产房、带仔母羊舍、种公羊舍、隔离羊舍、兽医室等设计、要求、功能各不相同的设施，绝对不能等都修建齐全以后才开始养羊。在这种情况下为使功用问题不致影响生产。若为复合式经营，可先建一些功能比较齐全的带仔母羊舍以代别的羊舍之用。至于办公用房、产房、配种室、种公羊圈，可在某栋带仔母羊舍某一适当的位置留出一定的间数，暂改他用，以备生产急需，等别的专用羊舍、建筑建好腾出来以后，再把这些临时占用的带仔母羊舍逐渐恢复起来，用于饲养带仔母羊。

第二节 羊舍建造的基本要求

一、不同生产方向所需羊舍的面积

羊舍应有足够的面积，以羊在舍内不拥挤，能自由活动为宜（彩图35）。若羊舍面积过小，则舍内潮湿、脏污和空气不良，有碍羊只健康，且不便管理。若羊舍面积过大，不但浪费，且不利于冬季保温。羊舍面积可视羊群规模大小、品种、性别、生理状况和当地气候等情况确定，一般以保持舍内干燥、空气新鲜，利于冬季保暖、夏季防暑为原则。不同生产方向的羊群，以及处于不同生长发育阶段的羊只，所需要的面积是不相同的。具体不同方向的羊舍使用面积见表7-1～表7-3。另外，产羔室可按基础母羊数的20%～25%计算面积。每间羊舍不应圈养很多羊，否则不但不利于管理，而且会增加疫病传播的机会。

表7-1　各种羊所需羊舍面积　（单位：米^2/只）

项目	细毛羊、半细毛羊	奶山羊	绒山羊	肉羊	毛皮羊
面积	1.5～2.5	2.0～2.5	1.5～2.5	1.0～2.0	1.2～2.0

表7-2　同一生产方向各类羊只所需羊舍面积　（单位：米^2/只）

项目	产羔母羊	单饲公羊	群饲公羊	育成公羊	1岁母羊	去势羔羊	3～4月龄断奶羔羊
面积	1～2	4～6	2～2.5	0.7～1	0.7～0.8	0.6～0.8	母羊的20%

表7-3　不同发育阶段羊只所需羊舍面积　（单位：米^2/只）

羊只类型	所需羊舍面积
1岁母羊	0.7～0.8
成年空怀母羊	0.8～1.0
妊娠或哺乳母羊	2.0～2.3
去势羔羊	0.6～0.8
成年羯羊或育成公羊	0.7～1.0
群饲公羊	2.0～2.5
单饲公羊	4.0～6.0

第七章

二、地面

地面是羊运动、采食和排泄的地区，按建筑材料不同有土、砖、水泥和木质地面等。

1. 土质地面

土质地面属于暖地面（软地面）类型。土质地面柔软，富有弹性也不光滑，易于保温，造价低廉。缺点是不够坚固，容易出现小坑，不便于清扫消毒，易形成潮湿的环境。用土质地面时，可混入石灰增强黄土的黏固性，也可用三合土（石灰∶碎石∶黏土＝1∶2∶4）地面。

2. 砖砌地面

砖砌地面属于冷地面（硬地面）类型。因砖的空隙较多，导热性小，具有一定的保温性能。成年母羊舍粪尿相混的污水较多，容易形成不良环境。又由于砖地易吸收大量水分，破坏其本身的导热性而变冷、变硬。砖地吸水后，经冻易破碎，加上本身磨损的特点，容易形成坑穴，不便于清扫消毒。所以用砖砌地面时，砖宜立砌，不宜平铺。

3. 水泥地面

水泥地面属于硬地面。其优点是结实、不透水、便于清扫消毒。缺点是造价高，地面太硬，导热性强，保温性能差。为防止地面湿滑，可将表面做成麻面。

4. 漏缝地板

集约化饲养的羊舍可建造漏缝地板，用厚3.8厘米、宽6～8厘米的水泥条筑成，间距为1.5～2.0厘米。漏缝地板羊舍需配以污水处理设备，造价较高，国外大型羊场和我国南方一些羊场已普遍采用（图7-1、彩图36、彩图37）。

图7-1　漏缝地板

三、羊床

羊床是羊躺卧和休息的地区，要求洁净、干燥、不残留粪便和便于清扫，可用木条或竹片制作，木条宽3.2厘米、厚3.6厘米，缝隙宽要略小于羊蹄的宽度，以免羊蹄漏下折断羊腿。羊床大小可根据圈舍面积和羊的数量而定。

提示

商品漏缝地板是一种新型畜床材料，在国外已普遍采用，但国内目前价格较高。

四、墙体

墙体对羊舍的保温与隔热起着重要作用，一般多采用土、砖和石等材料。近年来建筑材料科学发展很快，许多新型建筑材料如金属铝板、钢构件和隔热材料等，已经用于各类羊舍建筑中。用这些材料建造的羊舍，不仅外形美观、性能好，而且造价也不比传统的砖瓦结构建筑高多少，是未来大型集约化羊场建筑的发展方向。

五、屋顶和天棚

屋顶应具备防雨和保温隔热功能。挡雨层可用陶瓦、石棉瓦、金属板和油毡等制作。在挡雨层的下面，应铺设保温隔热材料，常用的有玻璃丝、泡沫板和聚氨酯等保温材料。

六、运动场

单列式羊舍应坐北朝南排列，所以运动场应设在羊舍的南面；双列式羊舍应南北向排列（彩图 38），运动场设在羊舍的东西两侧，以利于采光。运动场地面应低于羊舍地面，并向外稍有倾斜，便于排水和保持干燥（彩图 39）。

七、围栏

羊舍内和运动场四周均设有围栏，其功能是将不同大小、不同性别和不同类型的羊相互隔离开，并限制其在一定的活动范围之内，以利于提高生产效率和便于科学管理。

围栏高度以 1.5 米较为合适，材料可以是木栅栏、铁丝网、钢管等。围栏必须有足够的强度和牢度，因为与绵羊相比，山羊的顽皮性、好斗性和运动撞击力要大得多。

八、食槽和水槽

食槽和水槽尽可能设计在羊舍内部，以防雨水和冰冻。食槽可用水泥、铁皮等材料建造，深度一般为 15 厘米，不宜太深，底部应为圆弧形，四角也要用圆弧角，以便清洁打扫。水槽可用成品陶瓷水池或其他材料，底部应有放水孔（彩图40和彩图41）。

第三节 羊舍的类型及式样

羊舍的功能主要是保暖、遮风避雨和便于羊群的管理。适用于规模化饲养的羊舍，除了具备相同的基本功能外，还应该充分考虑不同生产类型的绵羊、山羊的特殊生理需要，尽可能保证羊群能有较好的生活环境。羊舍主要分为以下几种类型：

一、长方形羊舍

长方形羊舍是我国养羊业采用较为广泛的一种羊舍形式。这种羊舍具有建筑方便、变化样式多、实用性强的特点。可根据不同的饲养地区、饲养方式、饲养品种及羊群种类，设计内部结构、布局和运动场（图7-2、彩图42）。

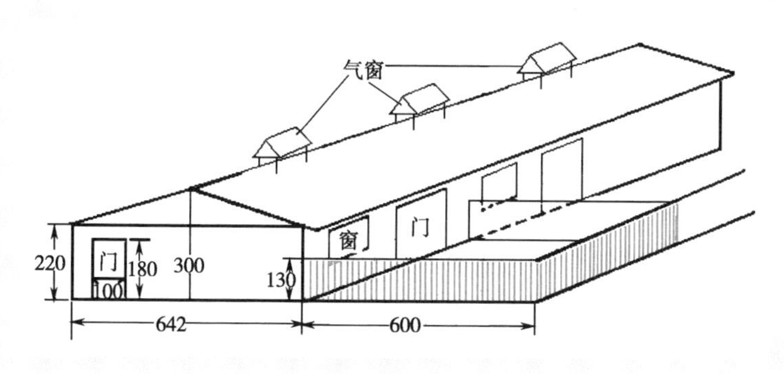

图7-2 长方形羊舍设计外观示意图（单位：厘米）

在牧区，羊群以放牧为主，除冬季和产羔季才利用羊舍外，其余大多数时间均在野外过夜，羊舍的内部结构相对简单一些，只需要在运动场安放必要的饮水、补饲及草料架等设施（彩图43）。以舍饲或半舍饲为主的养羊区或以饲养奶山羊为主的羊场和专业户，应在羊舍内部安置草架、饲槽和饮水槽等设施。

以舍饲为主的羊舍多为双列式。双列式又分为对头式和对尾式2种。双列对头式羊舍中间为走道，走道两侧各修一排带有颈枷的固定饲槽，羊只采食时头对头。这种羊舍有利于饲养管理及对羊只采食的观察。双列对尾式羊舍的走道和饲槽、颈枷靠羊舍两侧窗户而修，羊只尾对尾。双列式羊舍的运动场可修在羊舍外的一侧或两侧。羊舍内可根据需要隔成小间，也可不隔，如分娩羊舍（彩图44和彩图45）；运动场同样可分隔，也可不分隔。

二、楼式羊舍

在气候潮湿的地区，为了保持羊舍通风干燥，可修建漏缝地板式羊舍。夏、秋两季，羊住楼上，粪尿通过漏缝地板落入楼下地圈；冬、春两季，将楼下粪便清理干净后，楼下住羊，楼上堆放干草饲料，防风防寒，一举两得。漏缝地板可用木条、竹子铺设，也可铺设水泥预制漏缝地板，漏缝缝隙为1.5～2厘米，间距为3～4厘米，与地面间的距离为2米左右。楼上开设较大的窗户，楼下则只开较小的窗户，楼上面对运动场一侧，既可修成半封闭式，也可修成全封闭式。饲槽、饮水槽和补饲草架等均可修在运动场内（图7-3、彩图46和彩图47）。

楼式羊舍室内情景

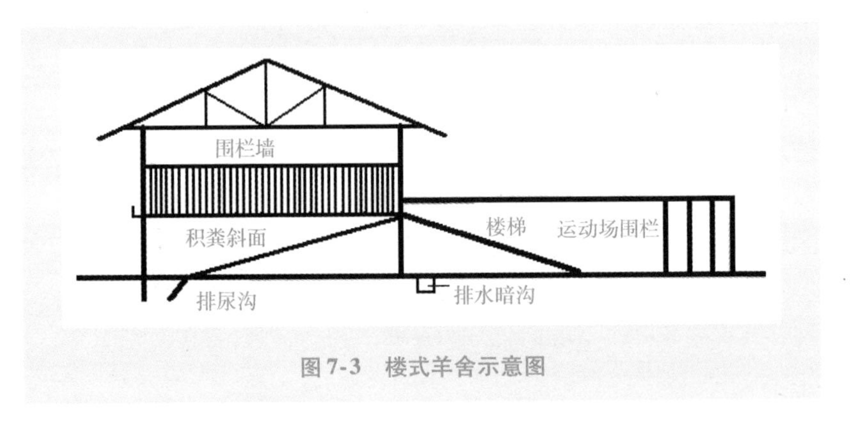

图7-3　楼式羊舍示意图

三、塑料薄膜大棚式羊舍

用塑料薄膜建造羊舍，提高舍内温度，可在一定程度上改善寒冷地区冬季养羊的生产条件，十分有利于发展适度规模的专业化养羊生产，而且投资少，易于修建。塑料薄膜大棚式羊舍的修建，可利用已有的简易敞圈或羊舍的运动场，搭建好骨架后扣上密闭的塑料薄膜。骨架材料可选用木材、钢材、竹竿、铁丝、铅丝和铝材等。塑料薄膜可选用白色透明、透光好、强度大，厚度为100～120微米、宽度为3～4米，抗老化和保温好的膜，例如，聚氯乙烯膜和聚乙烯膜等。塑料薄膜大棚式羊舍可修成单斜面式、双斜面式、半拱形和拱形。薄膜可覆盖单层，也可覆盖双层。棚内圈舍排列，既可为单列，也可修成双列。结构最简单、最经济实用的为单斜面式单层单列式膜棚（图 7-4、彩图 48）。

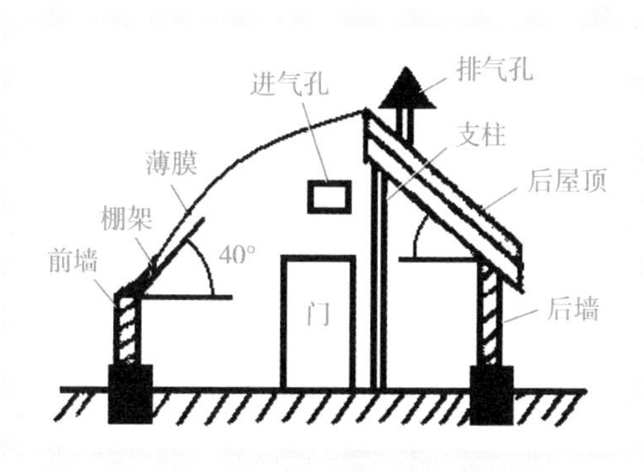

图 7-4 塑料薄膜大棚式羊舍

建筑方向坐北向南。棚舍中梁高 2.5 米，后墙高 1.7 米，前沿墙高 1.1 米。后墙与中梁间用木材搭棚，中梁与前沿墙间用竹片搭成弓形支架，上面覆盖单层或双层膜。棚舍前后跨度为 6 米、长 10 米，中梁垂直于地面与前沿墙距离为 2～3 米。山墙一端开门，供饲养员和羊群出入，门高 1.8 米、宽 1.2 米。在前沿墙基 5～10 厘米处留进气孔，棚顶开设 1 个或 2 个排气百叶窗，排气孔应为进气孔的 1.5～2 倍。棚内可沿墙设补饲槽、产仔栏等设施。棚内圈舍可隔离成小间，供不同年龄的羊只使用。在北方地区的寒冷季节（1～2 月和 11～12 月），塑料薄膜大棚式羊舍内的最高温度可达 3.7～5.0℃，最低温度为 -2.5～-0.7℃，分别比棚外温度提高 4.6～5.9℃和 21.6～25.1℃，可基本满足羊的生长发育要求。

第四节 养羊场的基本设施

羊多以放牧为主，因此舍内设施较为简便。最常用的设施主要有以下几种：

一、饲槽、草架

饲槽用于冬、春两季补饲混合精料、颗粒料、青贮饲料和用于饮水。草架主要用于补饲青干草。饲槽和草架有固定式和移动式 2 种。固定式饲槽可用钢筋混凝土制作，也可用铁皮、木板等材料制成，固定在羊舍内或运动场。草架可用钢筋、木条和竹条等材料制作。饲槽、草架设计制作的长度应使每只羊采食时不相互干扰，羊脚不能踏入槽中或架内，并避免架内草料落在羊身上。

二、多用途活动栏圈

多用途活动栏圈主要用于临时分隔羊群及分离母羊与羔羊，可用木板、木条、原竹、钢筋、铁丝等制作。栏的高度视其用途可高可低，羔羊栏的高度为1～1.5米，大羊栏的高度为1.5～2米。其可做成移动式，也可做成固定式。

三、药浴设备

为了防治螨虫病及其他体外寄生虫病，每年要定期给羊群药浴或药淋。在大中型羊场或养羊较为集中的乡镇，可建造永久性药浴设施（大型药浴池）。药浴池有流动式和固定式2种，羊只数量少时可采用流动药浴。药浴池应建在地势较低处，远离居民区和人、畜饮水水源的地方，用砖、石、水泥等建造成狭长的水池，长10～12米，池顶宽60～80厘米，池底宽40～60厘米，深1～1.2米，以装药液后羊不致淹没头部为宜。入口处设漏斗形围栏，内为陡坡，以便羊按顺序并快速滑入池中。出口为斜坡，并有小台阶，可防止羊滑倒。外设滴流台，以便羊体表滴流下来的药液流回池内（图7-5）。药物喷淋应建造淋浴场，配备淋药机、药浴器等喷淋药械。在牧区或养羊较少且分散的农区，可采用小型药浴池，或用防水性能良好的帆布加工制作成活动药浴设施。

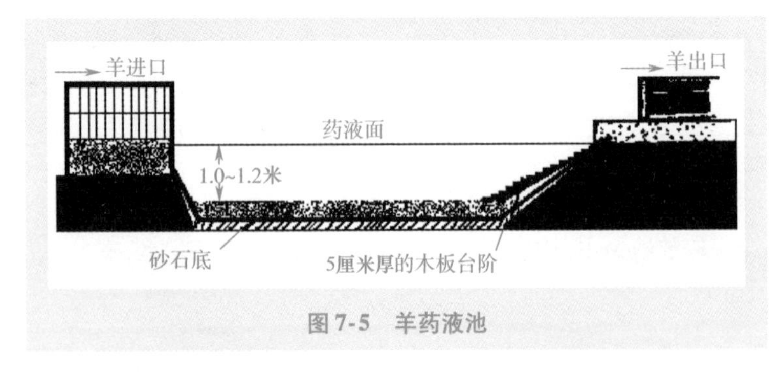

图7-5　羊药液池

淋浴式药淋是使用转动式淋头对大羊群进行药浴。药淋装置包括淋浴设备及地面围场两部分。淋浴设备包括上淋管道、喷头、下喷管道、

过滤筛、搅拌器、螺旋式阀门、水泵和动力设备等。

地面围场部分包括淋场、待淋场、滴液场、药液塔和过滤系统等。

药液使用后回收，过滤后循环使用。淋浴时，用泵将塔内药液送至上、下管道，经喷头对羊体喷淋。

四、青贮设备

青贮的方式有多种，常用的青贮设备有青贮窖、青贮塔和青贮袋，详见本书第四章第三节内容。

五、兽医室

为了预防和治疗羊病，羊场应修建兽医室，并配备必需的兽药及器械，如消毒器械、诊疗器械、投药和注射器械等。

六、监控系统

监控系统有监视和控制两个部分。监视系统主要由摄像头、信号分配器和监视器等组成。生产管理者通过该系统能够随时观察了解生产现场情况，及时处理可能发生的事件。控制部分的功能是完成生产过程中的传递、输送、开关等任务，如饲料的定量输送、门窗开关等。目前，该系统在养羊生产中还未普及使用。

第八章 羊场经营管理

科学的经营管理是羊场提高经济效益的关键环节。生产者掌握羊生产的经济规律，搞好羊场的经营管理，是非常必要的。

第一节 技术管理

一、饲养管理方式

羊生产的饲养管理方式取决于当地的自然、经济条件和饲养管理水平。羊生产的主要方式有3种，即放牧饲养、舍饲和放牧舍饲相结合。一般来说，放牧饲养是在水草条件较好的草场进行的，是比较经济的饲养方式，成本最为低廉，但在一定程度上受草场条件和季节影响明显。

舍饲是我国农区普遍采用的方式。在牧区，秋冬季节牧草质量变差时也以舍饲为主。舍饲要注意在舍饲饲料配制上保证全价性，并在保证羊的清洁卫生的前提下有足够的运动量。

放牧舍饲相结合是指在放牧的同时给予适当的补饲，保证羊营养摄入量。这种方式对肉羊育肥来说补饲时间最好选在屠宰前1个月。

实践证明，肉羊的育肥速度与效果受到年龄和饲草质量的影响，所以无论采用哪一种饲养管理方式，要想降低单位增重的成本，就必须注意饲料的充足供给与营养全面，适时出栏。

二、羊群分组与结构

1. 羊群分组

羊群一般分为种公羊、成年母羊、后备羊或育成羊、羔羊和去势羊等组别，其中成年母羊又可分为空怀期母羊、妊娠母羊、哺乳母羊。羔羊是指出生后未断奶的小羊。后备羊是从断奶后羔羊中选留出来用于繁殖的公羊和母羊。除后备羊以外，其余羊只均可用于育肥或出售。按传

统养羊方式，非种用公羔一般去势，称为去势羊或羯羊，但在现在肉羊生产中，因肥羔生产中羔羊利用年限提前，为保持公羊早期的生长优势，不做去势处理。

成年母羊是12～18月龄配种受孕后的后备母羊，一般使用6年左右，当牙齿脱落、繁殖效率较差或患有不易医治的疾病时，应提前淘汰，安排育肥屠宰。

种公羊是从后备公羊中选留的，一般在12～18月龄时成熟并开始使用，使用期一般为5年。但正在杂交改良过程中的羊或经济杂种中的杂种羊，因遗传性不稳定，不能留种公羊，其所有种公羊应从种羊场购买。

2. 羊群结构

羊群结构是指各个组别的羊只在羊群中所占的比例。在羊场或以产羊肉为主的羊场，因羔羊或去势羊育肥到1岁就出栏，故成年母羊在羊群中的比例应较大，一般可达到70%～80%。

种公羊在羊群中的比例与羊场采用的配种方式有密切关系。例如，在用本交配种时，每只种公羊能承担50只左右的母羊配种，人工授精时，则每只公羊的精液可配20～1000只母羊。在质量上要选择肉用性能好、配种能力强的种公羊。种公羊因其直接关系到羔羊的质量和产品率，故在数量配置上要充足，必要时把本交时的母羊比例提高到1:30，人工授精时公母羊比例提高到1:(100～200)，另配置一定数量的试情公羊。

适繁母羊的比例越高，羊群的繁殖率越高，对提高肉羊生产效益越有利。

三、羊群规模

羊群规模可根据品种、牧场条件、技术状况等方面酌情确定。一般来说，山羊群和粗毛羊群可稍大一些，改良羊群则应小一些；种公羊和育成公羊因育种要求高，其群宜小，母羊群宜大。在平缓起伏的平坦草原区，羊群可大一些，丘陵区则应小一些；在山区与农区，因地形崎岖，场狭小，羊群则更应划小一些，以便管理。集约化程度高，放牧技术水平高时，羊群可大一些，反之则应小一些。

提示

羊群一经组成后，则应相对稳定，不要频繁变动。较为稳定的羊群结构对加强生产责任制和经营管理都有利。

第二节 制订年度生产计划与实施

发展养羊生产，应根据自己羊场生产的实际情况和羊场在当地或者外地销售羊产品的能力来制订生产计划，做到有的放矢，避免生产的盲目性。

一、制订年度生产计划的步骤

制订年度生产计划时，首先要弄清楚羊场的生产能力、生产资源状况以及通过经营分析找出自己羊场的优势和不足，然后按以下步骤开始着手制订计划。

1. 羊场资源数量调查

查清计划范围内可能利用的资源数量和质量，如土地、羊圈舍面积、生产羊群年末存栏数、基础母羊数、后备母羊数、饲料数量、资金、劳动力及业务能力等，作为制订次年生产计划的主要依据。

2. 生产现状分析

对原有的饲养规模、饲养结构、生产效率、生产效果及人员、设备的利用情况等进行分析，作为下年生产计划的参数。新建羊场，可对照本场条件调查 1~2 个近似羊场进行分析，也可作为制订年度生产计划的参考。

3. 找出羊场存在的问题，提出解决办法

依据羊场资源和近年生产情况，找出经营管理中存在的问题，提出切实可行的解决方法。

4. 制订两个以上生产计划

根据羊场实际情况，可编制两个以上的生产计划方案，通过反复讨论，选出最佳的计划方案。

二、年度生产计划的内容

1. 饲养规模

提出羊场年度内各种羊群的饲养数量。

2. 计算饲料需要量

根据羊群数量，计算出年度饲料需要量，自种、外购的数量。

3. 所需资金数额

羊场内所需资金，包括固定资金和流动资金。根据需要除去本场现有资金，确定缺额资金的解决办法。

4. 预计全年生产费用

根据近几年的生产费用记录或调查场外数据，按照年度生产计划计算出各项生产费用和全年生产费用。

5. 算出年终利润

根据年度生产计划计算年收入，除去年度费用，求出年终效益，从效益中扣除各种利率及固定资产折损费用，得出年终利润。

三、年度生产计划的实施

1. 实施生产计划应解决人的问题

实施生产计划离不开人、财、物三要素，其中人是最关键的要素。因财、物要通过人去集聚和应用。在执行计划时，羊场经营管理者应把人的组织工作放在首要地位。

2. 生产计划的控制与调整

在生产的过程中，常常遇到可控制因素和不可控制因素的影响，因此，生产计划不能按预定的计划指标完成，必须不断地进行控制和调整。

（1）可控制因素　职工工作态度、工作职责和操作规程是否合理等。应根据生产中的客观情况，变动控制措施，保证生产计划顺利完成。

（2）不可控制因素　一般指不以人的意志转移的环境条件和未来市场变化条件，如自然灾害带来的饲料供应短缺，未来羊产品市场需求的波动等。在生产中应随时注意市场的需求，及时调整饲养结构和规模，以提高经济效益。

四、羊场其他计划的制订

1. 配种分娩计划和羊群周转计划

我国羊生产的方式主要是适度规模的牧区型，集约化的羊生产较少。分娩时间的安排既要考虑气候条件，又要考虑牧草生长状况，最常见的是产冬羔（即妊娠母羊在11～12月分娩）和产春羔（即妊娠母羊在3～4月分娩）。无论哪一种生产计划，羊的生产都应该向同期化的方向努力，这样便于进行统一的饲养管理，在羔羊育肥结束后，往往能形成比较大的数量，从而产生较好的经济效益。母羊的分娩集中，有利于安排育肥计划。

在编制羊群配种、分娩计划和周转计划时，必须掌握以下材料：

1）计划年初羊群各组的实有数量。

2）去年交配、今年分娩的母羊数量。

3）计划年生产任务的各项主要措施。

4）本场确定的母羊受胎率、产羔率和繁殖成活率等。

根据以上材料编制出羊群周转计划表和配种分娩计划表。

2. 羊肉和羊皮生产计划

羊肉和羊皮生产计划是指为一个年度内羊场羊肉、羊皮生产所做的预先安排。它反映了羊场的全年生产任务、生产技术与经营管理水平及产品率状况，并为编制销售计划、财务计划等提供依据。羊场以生产羊肉为主，羊皮也是重要的收入来源。羊肉、羊皮生产计划的制订是根据羊群周转计划和育肥羊只的单产水平进行的。编制好这个计划，关键在于订好育肥羊的单产指标。育肥羊的单产指标常以近三年的实际产量为重要依据，也就是在分析羊群质量、群体结构、技术提高状况、管理办法、改进配种分娩计划、饲料保证程度、人力与设备情况等内容的基础上，结合本年度确定的计划任务和新技术的应用等来制订。也就是说，育肥羊的单产指标对羊肉和羊皮生产计划起着决定性的作用。

3. 饲料生产和供应计划

饲料生产和供应计划是对一个年度内饲料生产和供应所做的预先安排。为了保证肉羊饲养场羊肉、羊皮生产计划的完成，应充分利用羊场的有限土地，种植适合肉羊生产需要、土地最适宜的优质高产的青粗饲料，以使所种植的饲料获得最高产量和最多的营养物质。饲料生产计划是饲料计划中最主要的计划，它反映了饲料供应的保证程度，也直接影响到畜禽的正常生长发育和畜产品产量的提高。因此，羊场对饲料的生产、采集、加工、贮存和供应必须有一套有效的计划做保证。

饲料的供应计划主要包括制订饲料定额、各种羊只的日粮标准、饲料的留用和管理、青饲料生产和供应的组织、饲料的采购与贮存及饲料加工配合等。为保证此计划的完成，各项工作和各个环节都应制度化，做到有章可循、按章办事。

4. 羊群发展计划

当制订羊群发展计划时，需要根据本年度和本场历年的繁殖淘汰情况及实际生产水平，结合对市场的估测，对羊场今后的发展进行科学的估算。

5. 羊场疫病防治计划

羊场疫病防治计划是指一个年度内对羊群疫病防治所做的预先安排。肉羊的疫病防治是保证肉羊生产效益的重要条件，也是实现生产计划的基

本保证。此计划也可纳入技术管理内容中。疫病防治工作的方法是“预防为主，防治结合”。为此，要建立一套综合性的防疫措施和制度，其内容包括羊群的定期检查、羊舍消毒、各种疫苗的定期注射、病羊的治疗与隔离等。对各项疫病防治制度要严格执行，定期检查以求实效。

第三节 羊场的成本核算和劳动管理

一、投入与产出的核算

按照一般的习惯，养羊场每年年终时候就要进行年度总结，其中最重要的内容就是进行收入总结算。计算净收入、纯收入、利润和净收入率，以确定全年的经营效果。

年度总结算主要是根据会计年度报表中的数据资料，进行经营核算，用养羊场全年经营总收入减去该场全年经营总支出等于该场的盈余数。如果总收入大于总支出，就表现为赢利，如果总支出大于总收入，则为亏损。要注意的是在进行经营核算时养羊场用于购置固定资产的资金不能列入当年的支出，只能根据固定资产使用的年限计算出当年的折旧费，然后将其列入当年的生产支出。成本核算的主要指标和计算方法如下：

1. 净收入（也称毛利）

$$净收入 = 经营总收入 - 生产、销售中的物资耗费$$

生产、销售中的物资耗费包括生产固定资产耗费，饲料、兽药消耗，生产性服务支出，销售费用支出以及其他直接生产性物质耗费。

2. 纯收入（也称纯利）

$$纯收入 = 净收入 - 职工工资和差旅费等杂项开支$$

3. 利润

利润是当年积累的资金，也是用于第二年生产投入或扩大再生产的资金。

$$利润 = 纯收入 - (税金 + 上交的各种费用)$$

4. 净收入率

净收入率是衡量该场经营是否合算的指标，如果净收入率高于银行存款利息率，则证明该场有利。

$$净收入率 = \frac{净收入}{总支出} \times 100\%$$

二、成本核算

搞好成本核算，对场内加强经营管理，提高养羊的经济效益具有指导意义。

1. 成本核算的内容

（1）确定成本核算对象 在成本计算期内对主要饲养对象进行成本核算，1年或1个生产周期核算1次。

（2）遵守成本开支范围的规定 成本开支的范围，是指将生产经营活动中所发生的各项生产费用计入成本内，非生产性基本建设的支出，及上交的各种公积金、公益金等都不计入成本。

（3）确定成本项目 确定成本项目是指生产费用按经济用途分类的项目。分项目登记和汇总生产费用，便于计算产品成本，有利于分析成本构成及其升降的原因。成本项目应列育羔羊费、饲料费、疫病防治费、固定资产折旧费、共同生产费、人工费、经营费及其他直接费用、其他支出费等。

（4）确定计价原则 计算产品成本，要按成本计算期内实际生产和实际消耗的数量及当时的实际价格进行计算。

（5）做好成本核算的基础工作

1）建立原始记录。从一开始就做好固定资产（土地、圈舍、设备、种公羊、基础母羊等）、用工数量、产品数量（毛、肉、皮张、活羔羊等）、低值易耗品数量、饲料饲草消耗数量等的统计工作，为做好成本核算打好基础。

2）采用会计方法。对生产经营过程中的资金活动，进行连续、系统、完整的记录、计算，以便反映问题和日常监督。要登记实物收、付业务，实现钱物分记、各记各的账。建立产品材料计量、收发和盘点制度。

2. 羊场成本核算的特点与方法

（1）特点 羊场成本核算具有以下特点：

1）羊群在饲养管理过程中，由于购入、繁殖、出售、屠宰、死亡等原因，其头数、重量在不断变化，为减少计算上的麻烦和提高精确度，通常应按批核算成本。又因为羊群的饲养效果和饲养时间、产品数量有关，因此应计算单位产品成本和饲养日成本。

2）养羊的主要产品是活羊、肉、皮、毛，为方便起见，可把活羊、肉、毛作为主产品，其他为副产品。则产品收入抵消一部分成本后，列入主产品生产的总成本。

3）单位羊产品消耗饲料的多少和饲料加工运输费用等在总成本中所占的比例，既反映羊场技术水平，也反映其经营管理水平的高低。

（2）方法

1）单位主产品成本核算。主产品要计算增重单位成本、毛产量成本。

$$育肥羊活重单位(千克)成本=\frac{初期存栏总成本+本期购入(拨入)成本-副产品价值}{期末存栏活重+本期离圈活重(不含死羊)}$$

$$育肥增重单位(千克)成本=\frac{本期饲养费用-副产品价值}{本期增重量}$$

$$本期增重量=本期期末存栏活重+本期离圈活重(含死羊)-期初存栏活重-本期购入(拨入)活重$$

在计算活重、增重单位成本时，所减去的副产品价值包括羊粪、羊毛、死亡羊的残值收入等；死亡羊的重量在计算增重成本时，应列入本期离圈（包括出售、屠宰等）的活重，才能如实反映每增重 1 千克的实际成本。但计算活重成本时，不包括死亡羊的重量，死亡羊的成本要由活羊负担。

2）饲养日成本。

$$饲养日成本=\frac{饲养费用}{饲养只数\times天数}$$

活重实际生产成本加销售费用，等于销售成本。销售收入减去销售成本、税金、其他应交费用，有余数为盈，不足为亏。从而得出当年养羊的经济效益，为下年度养羊生产、控制费用开支提供重要依据。计算增重单位成本，可知每增重 1 千克所需费用。计算饲养日成本，可知每只羊平均每天的饲养成本。通过成本核算可充分反映场内经营管理工作的水平和经济效益的高低。

三、成本核算方法举例

下面以 3 种在我国比较典型的养羊方式为例，进行成本核算，核算的过程中，如种羊价格、饲料饲草价格、羊出售价格、包括基建成本，不同的地方、不同的来源方式可能也不相同，请读者在自己进行成本核算时根据当时当地的行情，核准各种价格之后再进行核算。

例 1：以农户在自己家中散养 5 只种母羊为例进行成本核算，其中精料按 80% 计算，饲草、基建设备不计算成本，人工费和粪费相抵，不计算成本和收入，种羊使用年限按 5 年计算，母羊配种费用不计，羔羊按 7 月龄出栏，其中有 5 个月饲喂期（后面的例子均按此计算）。

1. 生产成本

（1）购种母羊费用

购种羊费用＝5只种母羊×费用/只

每年购种羊总摊销＝购种羊费用÷5年

（2）饲养成本

5只母羊每天精料耗费＝5只种母羊×精料量/(天·只母羊)×每千克精料价格

5只种母羊年消耗精料费用＝5只母羊每天精料耗费×365天

育成羊消耗精料费用＝总羔羊数×精料消耗/(天·只羔羊)×150天×每千克精料价格

总饲养成本＝5只种母羊年消耗精料费用＋育成羊消耗精料费用

（3）医药费摊销总成本

医药费摊销总成本＝10元/(只羔羊·年)×总羔数

总成本＝每年购种羊总摊销＋总饲养成本＋医药费摊销总成本

2. 销售收入

年售育成羊：

总育成数＝5只母羊×育成数/母羊年产

总收入＝总育成数×出栏重/只×每千克活羊销售价

3. 经济效益分析

总盈利＝总收入－总成本＝饲养5只母羊的一个饲养户年盈利

$$每卖1只育成羊盈利=\frac{总盈利}{总育成数}$$

例2：某专业户饲养种羊42只为例（其中母羊40只，配种公羊2只），其中，精料按100%计算，饲草及青贮饲料只计算一半，基建设备器械不计入成本，其他要求和例1一样。

1. 成本

（1）购种羊费用

购种母羊总费用＝40只母羊×费用/只

购种公羊总费用＝2只公羊×费用/只

每年购种羊总摊销＝购种羊总费用÷5年

（2）饲养成本

1）种羊饲料成本。

种羊年消耗干草费用＝42只×干草数/（天·只）×365天×每千克干草价格

种羊年消耗精料费用＝42只×精料量/（天·只）×365天×每千克精料价格

种羊年消耗青贮饲料费用＝42只×青贮饲料量/（天·只）×365天×每千克青贮饲料价格

2）育成羊饲料成本。

育成羊消耗干草费用＝总羔数×干草量/（天·羔）×150天×每千克干草价格

育成羊消耗精料总费用＝总羔数×精料量/（天·羔）×150天×每千克精料价格

育成羊消耗青贮饲料总费用＝总羔数×青贮饲料量/（天·羔）×150天×每千克青贮饲料价格

总饲养成本＝种公母羊消耗各种饲料费用＋育成羊消耗各种饲料费用

（3）每年医药摊销总成本

每年医药摊销总成本＝10元/（羔·年）×总羔数

2. 销售收入

总收入＝总育成羊数×出栏重/只×每千克活羊价格

3. 经济效益分析

总盈利＝总收入－每年种羊总摊销－总饲养成本－每年医药摊销总成本

每卖1只育成羊盈利＝总盈利÷总育成数

例3：以饲养800只基础母羊（其中配种公羊为40只）的规模养羊场为例，其中基建按折旧计入成本，设备机械及运输车辆投资计入成本，如为绵羊可以产部分绵羊毛，如为绒山羊可以生产山羊毛及山羊绒，其他各项要求同例2。

1. 成本

（1）基建总造价

羊舍造价：800只基础母羊，净羊舍800米^2；周转羊舍（羔羊、育成羊）2000米^2；40只公羊，80米^{2}公羊舍，合计：

羊舍总造价＝2880米^2×造价/米^2

青贮窖总造价＝800米^2×造价/米^2

$$贮草及饲料加工车间总造价 = 800 米^2 \times 造价/米^2$$

$$办公室及宿舍总造价 = 640 米^2 \times 造价/米^2$$

基建总造价 = 羊舍总造价 + 青贮窖总造价 + 贮草及饲料加工车间总造价 + 办公室及宿舍总造价

（2）设备机械及运输车辆投资

设备机械及运输车辆投资总费用 = 青贮机总费用 + 兽医药械费用 + 变压器等机电设备费用 + 运输车辆费用

每年固定资产总摊销 =（基建总造价 − 设备机械及运输车辆总费用）÷10 年

（3）种羊投资

种母羊投资 = 800 只母羊 × 价格/只

种公羊投资 = 40 只公羊 × 价格/只

合计为

种羊总投资 = 种母羊投资 + 种公羊投资

每年种羊总摊销 = 种羊总投资 ÷5 年

（4）建成后需各种饲料（包括干草、青贮饲料、配合精料等）费用

1）种羊所需饲料费用。

成年羊年消耗干草费用 = 840 只种羊 × 干草量 /（天・只）× 365 天 × 每千克干草价格

成年羊年消耗精料费用 = 840 只种羊 × 精料量 /（天・只）× 365 天 × 每千克精料价格

成年羊年消耗青贮饲料费用 = 840 只种干 × 青贮饲料量 /（天・只）× 365 天 × 每千克青贮饲料价格

种羊饲料总成本 = 成年羊年消耗干草费用 + 成年羊年消耗精料费用 + 成年羊年消耗青贮饲料费用

2）育成羊所需饲料费用。

育成羊年消耗干草费用 = 总羔数 × 干草量/（天・只）×150 天 × 每千克干草价格

育成羊年消耗青贮饲料费用 = 总羔数 × 青贮饲料量/（天・只）× 150 天 × 每千克青贮饲料价格

育成羊年消耗精料费用 = 总羔数 × 精料量/（天・只）×150 天 ×

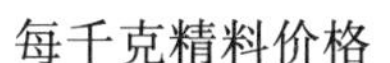

每千克精料价格

育成羊饲料总成本 = 育成羊年消耗干草费用 + 育成羊年消耗精料费用 + 育成羊年消耗青贮饲料费用

总饲料成本 = 种羊饲料总成本 + 育成羊饲料总成本

（5）年医药、水电、运输、业务管理总摊销

年医药、水电、运输、业务管理总摊销 = 10 元/（羔·年）× 总羔数

（6）年总工资成本

年总工资成本 = 25 元/（年·羔）× 总羔数

（7）低值易耗品消耗成本

每年需要购买的低值易耗品如扫把、铁锹、盆、桶等总费用。

2. 销售总收入

（1）年售商品羊收入

年售商品羊收入 = 总育成数 × 出栏重/只 × 每千克活羊价格

（2）羊粪收入

羔羊产粪量 = 总羔数 × 产粪 /（只·年）

种羊产粪量 = 840 只种羊 × 产粪 /（只·年）

总粪量 = 羔羊产粪量 + 种羊产粪量

羊粪收入 = 总粪量 × 价格 / 米^3

（3）羊毛收入

羊毛收入 = 种羊 840 只 × 产毛量/只 × 每千克羊毛价格

总收入 = 年售商品羊收入 + 羊粪收入 + 羊毛收入

（4）经济效益分析　建一个 800 只基础母羊的商品羊场，年生产总盈利为

年总盈利 = 总收入 − 年种羊饲料总成本 − 年育成羊饲养总成本 − 年医药、水电、运输、业务管理总费用 − 年总工资 − 年固定资产总摊销 − 低值易耗品费用 − 年种羊总摊销

每售 1 只育成羊盈利 = 年总盈利 ÷ 总育成数

按照饲养户的测算，饲养 1 只母羊年产 1.5 ~ 2 胎，能生产羔羊 3 ~ 5 只，第一年的羔羊经 6 ~ 8 个月育肥，每只羔羊可增重到 50 千克左右，2 只羔羊可达到 100 千克，按目前市场价格可得 800 元左右，如果其中有 1 只母羔羊按种羊出售，总收入在 1000 元左右，第二次产羔在年内饲养 2 个月，每只羔羊长到 20 千克左右，价值可达 400 元以上，1 只母羊生产的羊羔，年产值可达 1200 ~ 1400 元。

1 只母羊年需供应秸秆和干草（青草折干草计算）750 千克，折合 80～100 元，混合精料 80～100 千克，价值为 80～120 元，每只母羊的饲料消耗费为 160～220 元。育肥羔羊饲养的成本约相当于 1 只母羊的消耗量。也就是说，在 1 年的饲养周期中，母羊和羔羊的饲养总成本为320～440 元。

投入和产出比为 1:(3～4)。这里边没有计算人工、房舍和工具等消耗的费用，事实上在农家饲养的羊只，是不计算上述费用的，如果规模化饲养，加上雇工、房租、水、电等消耗，其投入产出比也可达到 1:(2～3)。

在计算上述收入中，肥料作为副产品未计算在内。在 1 年的饲养期内，母羊和羔羊生产的肥料，可肥田 0.13～0.20 公顷，在规模化饲养中，羊粪可作为商品售出，对农作物和蔬菜来说都是优质有机肥料，肥效高，持续时间长，还有防虫害作用。

四、羊场的劳动管理

肉羊饲养场的劳动组织和管理一般是根据分群饲养的原则，建立相应的羊群饲养作业，如种公羊作业组、成年母羊作业组、羔羊作业组等。

每个组安排 1～2 名负责人，每个饲养员或放牧员都要分群固定，负责一定只数的饲养管理工作。其好处是分工细，人畜固定，责任明确，便于熟悉羊群情况，能有效地提高饲养管理水平。

每个饲养管理人员的劳动定额，可根据羊群规模、机械化程度、饲养条件及季节的不同而有所差别。例如，在农区条件下，劳动定额一般为：成年母羊 50～100 只，育肥羔羊或去势羊 100～150 只，育成母羊 200～250 只。

在羊场的劳动管理上还要建立岗位责任制和奖励机制，这对于充分调动每个单位、每个成员工作的积极性，做到责、权、利分明，以及提高生产水平和劳动生产率，都是非常有利的。

第四节 提高羊场经济效益的主要途径

羊场经济效益的提高主要取决于 2 个方面：一是努力提高产量，来降低单位产品的成本，其主要途径是选用优质、高产、性能稳定的肉羊品种或利用杂交繁育体系来生产最佳的杂交羔羊，采用合理的饲养管理方式，科学的日粮配制等；二是尽可能节约各项开支，在确保增产的前提下，力争以最小的消耗，产出更多更好的产品，其主要途径有以下

几种：

1. 适度规模饲养

养羊场的饲养规模应依市场、资金、饲养技术、设备、管理经验等综合因素全面考虑，既不可以过小，也不能过大。过小不利于现代设施设备和技术的利用，效益微薄；过大，规模效益可以提高，但超出自己的管理能力，也难以养好羊，到头来得不偿失。所以应以自身具体情况，选择适度规模进行饲养，才能取得理想的规模效益。

2. 选择先进科学的工艺流程

先进科学的工艺流程可以充分地利用羊场饲养设施设备，改善劳动条件，提高劳动力利用率、工作效率和劳动生产率，降低劳动消耗，降低单位产品的生产成本，并可以保证羊群健康和产品质量，最终可显著增加羊场的经济效益。

3. 饲养优良品种

品种是影响生产的第一因素。因地制宜，选择适合自己饲养条件和饲料条件的品种，是养好肉羊的首要任务。

4. 科学饲养管理

有了良种，还要有良法，这样才能充分发挥良种羊的生产潜力。因此，实行科学饲养，推广应用新技术新成果，合理、节约使用各种投入物（药物、饲料、燃料等），降低消耗，抓好生产羊的不同阶段的饲养管理，不可光凭经验，抱着传统的饲养技术不放，而是要对新技术高度敏感，跟上养羊技术前进的步伐，只有这样养羊业才能不断提高经济效益。

5. 高度重视防疫工作

一个羊场要想不断提高产品的产量和质量，降低生产成本，提高经济效益，前提是必须保证羊群健康，羊群健康是生产的保证。因此，羊场必须制订科学的免疫程序，严格执行防疫制度，不断降低羊只死亡率，提高羊群健康水平。

6. 努力降低饲料费用

饲料费占总成本的70%左右。因此必须在饲料上下功夫：一方面要科学配方，在满足生产需要的前提下，广辟饲料来源，尽量降低饲料成本，提高饲料报酬；另一方面要合理喂养，给料时间、给料量、给料方式要讲究科学；最后是减少饲料浪费。

7. 经济实行责任制

实现经济责任制就是要将饲养人员的经济利益与饲养数量、产量、物质消耗等具体指标挂起钩来，并及时兑现，以调动全场生产人员的积极性。

8. 饲草饲料贮备

根据羊场的羊只数量，在每年秋季，要积极准备饲料、饲草，以便在冬春两季更好地饲养，减少不必要的损失。而且保证羊只过冬膘情不会下降，另外，冬季是母羊妊娠季节，饲料充足可以避免母羊流产的发生。

9. 降低羊场非生产性开支

充分合理地节约使用各种工具和其他各种生产设备，提高其利用率和完好率；严格控制间接费用，大力节约非生产性开支。如减少非生产人员和用具、降低行政办公费用、制订合理的物资贮备计划、减少资金的长期占用等。

第九章 羊的疾病防治

第一节 羊的卫生防疫措施

羊场卫生防疫措施应遵循中华人民共和国农业行业标准——《无公害食品　肉羊饲养兽医防疫准则》（NY 5149—2002）执行。

羊病防治必须坚持“预防为主”的方针，认真贯彻《中华人民共和国动物防疫法》，采取加强饲养管理、搞好环境卫生、开展防疫检疫、定期驱虫、预防中毒等综合性防治措施，将饲养管理工作和防疫工作紧密结合起来，以取得防病灭病的综合效果。

一、加强饲养管理

1. 坚持自繁自养

羊场或养羊专业户应选养健康的良种公羊和母羊，自行繁殖，以提高羊的品质和生产性能，增强对疾病的抵抗力，并可减少入场检疫的劳务，防止因引入新羊带来病原体。

2. 合理组织放牧

牧草是羊的主要饲料，放牧是羊群获取其营养需要的重要方式。因此，合理组织放牧，与羊的生长发育好坏和生产性能的高低有着十分密切的关系。应根据农区、牧区草场的不同情况，以及羊的品种、年龄、性别的差异，分别编群放牧。为了合理利用草场，减少牧草浪费和降低羊群感染寄生虫的机会，应推行划区轮牧制度。

3. 适时进行补饲

羊的营养需要主要来自放牧，但当冬季草枯、牧草营养价值下降或放牧采食不足时，必须进行补饲，特别是对正在发育的幼龄羊、妊娠期和哺乳期的成年母羊补饲尤其重要。种公羊如仅靠平时放牧，营养需要难以满足，在配种季则更需要保证较高的营养水平，因此，种公羊多采取舍饲方式，并按饲养标准喂养。

4. 妥善安排生产环节

养羊的主要生产环节是鉴定、剪毛、梳绒、配种、产羔和育羔、羊羔断奶和分群。每一生产环节的安排，应尽量在较短时间内完成，以尽可能增加有效放牧时间，如某些环节影响放牧，要及时给予适当的补饲。

二、搞好环境卫生

养羊环境卫生的好坏，与疫病的发生有密切关系。环境脏污，有利于病原体的滋生和疫病传播。因此，羊舍、羊圈、场地及用具应保持清洁、干燥，每天清除圈舍、场地的粪便及污物，将粪便及污物堆积发酵，30 天左右可作为肥料使用。

羊的饲草，应当保持清洁、干燥，不使用发霉的饲草、腐烂的饲料喂羊；饮水也要清洁，不让羊饮用污水和冰冻水。

老鼠、蚊、蝇等是病原体的宿主和携带者，能传播多种传染病和寄生虫病。应当清除羊舍周围的杂物、垃圾及乱草堆等，填平死水坑，认真开展杀虫、灭鼠工作。

三、严格执行检疫制度

为了做好检疫工作，必须有一定的检疫手续，以便在羊流通的各个环节中，做到层层检疫，环环扣紧，互相制约，从而杜绝疫病传播与蔓延。羊从生产到出售，要经出入场检疫、收购检疫、运输检疫和屠宰检疫，涉及外贸时，还要进行进出口检疫。出入场检疫是所有检疫中最基本、最重要的检疫环节，只有经检疫而未发生疫病时，方可让羊及其产品进场或出场。羊场或养羊专业户引进羊时，只能从非疫区购入，经当地兽医检疫部门检疫，并签发检疫合格证明书；运抵目的地后，再经本场或专业户所在地兽医验证、检疫并隔离观察 1 个月以上，确认为健康者，经驱虫、消毒，没有注射过疫苗的还要补注疫苗，然后方可与原有羊混群饲养。羊场采用的饲料和用具，也要从安全地区购入，以防疫病传入。

羊大群检疫时，可用检疫夹道，即在普通羊圈内，用木板做成夹道，进口处呈漏斗状，与待检圈相连，出口处有 2 个活动小门，分别通往健康圈和隔离圈。夹道用厚 2 厘米、宽 10 厘米的木板，做成 75 厘米高的栅栏，夹道内的宽度和活动小门的宽度为 45 ~ 50 厘米。检疫时，将羊赶入夹道内，检疫人员即可在夹道两侧进行检疫。根据检疫结果，打开出口的活动小门，分别将羊赶入健康圈或隔离圈。这种设备除检疫用外，还可作羊的分群用。

四、有计划地进行免疫接种

免疫接种是激发羊体产生特异性抵抗力，使其对某种传染病从易感转化为不易感的一种手段。有组织有计划地进行免疫接种，是预防和控制羊传染病的重要措施之一。目前，我国用于预防羊主要传染病的疫苗及使用方法见表9-1。

表9-1　我国用于预防羊主要传染病的疫苗及使用方法

疫苗名称	预防传染病	使用方法
无毒炭疽芽孢苗	羊炭疽	绵羊皮下注射0.5毫升，注射后14天产生坚强免疫力，免疫期1年；山羊不能用
第Ⅱ号炭疽芽孢苗	羊炭疽	绵羊、山羊均皮下注射1毫升，注射后14天产生免疫力，免疫期1年
炭疽芽孢氢氧化铝佐剂苗	羊炭疽	此苗一般称为浓芽孢苗，使用时，以1份浓芽孢苗加9份20%氢氧化铝胶稀释剂，充分混匀后即可注射。使用该疫苗一般可减轻注射反应
布氏杆菌猪型2号疫苗	羊布氏杆菌病	山羊、绵羊臀部肌内注射0.5毫升（含菌50亿）；阳性羊、3月龄以下羔羊和妊娠母羊均不能注射 饮水免疫时，用量按每只羊服200亿菌体计算，2天内分2次饮服；在饮服疫苗前，一般应停止饮水半天，然后用冷的清水稀释疫苗，并应迅速饮喂，疫苗从混合在水内到进入羊体内的时间越短，效果越好。免疫期暂定2年
布氏杆菌羊型5号疫苗	羊布氏杆菌病	室内进行气雾免疫，疫苗用量按室内空间计算，即每立方米用50亿菌，喷雾后羊群需在室内停留30分钟；室外进行气雾免疫，疫苗用量按羊的只数计算，每只羊用50亿菌，喷雾后羊群需在原地停留20分钟。在使用此苗进行羊气雾免疫时，操作人员需注意个人防护，应穿工作衣裤和胶靴，戴大而厚的口罩，如不慎被感染出现症状，应及时就医 注射免疫，将疫苗稀释成每毫升含菌50亿，每只羊皮下注射10亿菌 口服免疫，每只羊的用量为250亿菌。本苗免疫期暂定为1年半

（续）

疫苗名称	预防传染病	使用方法
破伤风明矾沉降类毒素	破伤风	颈部皮下注射0.5毫升。1年注射1次；遇有羊受伤时，再用相同剂量注射1次，若羊受伤严重，应同时在另一侧颈部皮下注射破伤风抗毒素，可预防破伤风。该类毒素注射后1个月产生免疫力，免疫期1年，第二年再注射1次，免疫力可持续4年
破伤风抗毒素	羊紧急预防或防治破伤风之用	皮下或静脉注射，治疗时可重复注射一至数次。预防剂量：1200～3000抗毒单位；治疗剂量：5000～20000抗毒单位。免疫期2～3周
羊快疫、猝狙、肠毒血症三联灭活疫苗	羊快疫、猝狙、肠毒血症	成年羊和羔羊一律皮下或肌内注射5毫升，注射后14天产生免疫力，免疫期6个月
羔羊痢疾灭活疫苗	羔羊痢疾	妊娠母羊分娩前20～30天第一次皮下注射2毫升，第二次于分娩前10～20天皮下注射3毫升。第二次注射后10天产生免疫力。免疫期：母羊5个月，经乳汁可使羔羊获得母源抗体
羊黑疫、快疫混合灭活疫苗	羊黑疫和快疫	氢氧化铝灭活疫苗，羊不论年龄大小均皮下或肌内注射3毫升，注射后14天产生免疫力，免疫期1年
羔羊大肠杆菌病灭活疫苗	羔羊大肠杆菌病	3月龄至1岁龄的羊，皮下注射2毫升；3月龄以下的羔羊，皮下注射0.5～1毫升，注射后14天产生免疫力，免疫期5个月
羊厌气菌氢氧化铝甲醛五联灭活疫苗	羊快疫、羔羊痢疾、猝狙、肠毒血症和黑疫	羊不论年龄大小均皮下或肌内注射5毫升，注射后14天产生可靠免疫力，免疫期6个月
肉毒梭菌（C型）灭活疫苗	羊肉毒梭菌中毒症	绵羊皮下注射4毫升，免疫期1年
山羊传染性胸膜肺炎氢氧化铝灭活疫苗	山羊传染性胸膜肺炎	皮下注射，6月龄以下的山羊3毫升，6月龄以上的山羊5毫升，注射后14天产生免疫力，免疫期1年。注射后10天内要经常检查，有反应者，应进行治疗。本品用前应充分摇匀，切忌冻结

（续）

疫苗名称	预防传染病	使用方法
羊肺炎支原体氢氧化铝灭活疫苗	传染性胸膜肺炎	颈侧皮下注射，成年羊3毫升，6月龄以下幼羊2毫升，免疫期可达1年半以上
羊痘鸡胚化弱毒疫苗	羊痘	一般每年3~4月接种，免疫期1年
兽用狂犬病ERA株弱毒细胞苗	狂犬病	用灭菌蒸馏水或生理盐水稀释，2月龄以上羊注射2毫升。免疫期半年至1年
伪狂犬病弱毒细胞苗	伪狂犬病	冻干苗先加3.5毫升中性磷酸盐缓冲液稀释，再稀释20倍。4月龄以上至成年绵羊肌内注射1毫升，注苗后6天产生免疫力，免疫期1年
羊链球菌病活疫苗	败血性链球菌病	注射用苗以生理盐水稀释，气雾用苗以蒸馏水稀释。每只羊尾部皮下注射1毫升（含50万活菌），2岁以下羊用量减半。露天气雾免疫每只剂量3亿活菌，室内气雾免疫每只剂量3000万个活菌。免疫期1年

注：由于疫苗科学的发展，新型疫苗不断出现，疫苗使用方法也在不断改进，在具体使用疫苗时要详细参看疫苗说明书，按疫苗厂家推荐的方法使用。

免疫接种的效果，与羊的健康状况、年龄大小、是否正在妊娠或哺乳，以及饲养管理条件的好坏有密切关系。因此羊只免疫接种要针对不同情况采取不同措施以获得最佳效果。

免疫接种须按合理的免疫程序进行，各地区、各羊场可能发生的传染病不止一种，而可用来预防这些传染病的疫苗的性质又不尽相同，免疫期长短不一。因此，羊场往往需用多种疫苗来预防不同的病，也需要根据各种疫苗的免疫特性来合理地安排免疫接种的次数和间隔时间，这就是所谓的免疫程序。目前国际上还没有一个统一的羊免疫程序，只能在实践中总结经验，制订出合乎本地区、本羊场具体情况的免疫程序。

五、做好消毒工作

消毒是贯彻“预防为主”方针的一项重要措施。其目的是消灭传染源散播于外界环境中的病原微生物，切断传播途径，阻止疫病继续蔓延。羊场应建立切实可行的消毒制度，定期对羊舍（包括用具）、地面土壤、粪便、污水、皮毛等进行消毒。

1. 羊舍消毒

一般分2个步骤进行：第一步先进行羊舍清扫；第二步用消毒液消毒。清扫是搞好羊舍环境卫生最基本的一种方法。用消毒液消毒时，消毒液的用量，以羊舍内每平方米面积用1升药液计算。常用的消毒药有10%~20%石灰乳、10%漂白粉溶液、0.5%~1%菌毒敌（原名农乐，同类产品有农福、农富、菌毒灭等）、0.5%~1%二氯异氰尿酸钠溶液（以此药为主要成分的商品消毒剂有“强力消毒灵”“灭菌净”“抗毒威”等）、0.5%过氧乙酸等。消毒方法是将消毒液盛于喷雾器内，先喷洒地面，然后喷墙壁，再喷天花板，最后再开门窗通风，用清水刷洗饲槽、用具，将消毒药味除去。如羊舍有密闭条件，可关闭门窗，用甲醛熏蒸消毒12~24小时，然后开窗通风24小时。甲醛的用量为每立方米空间用12.5~50毫升，加等量水一起加热蒸发，无热源时，也可加入高锰酸钾（每立方米用30克），即可产生高热蒸发。对羊舍的消毒每年可进行2次（春、秋两季各1次）。对产房的消毒，在产羔前应进行1次，产羔高峰时进行多次，产羔结束后再进行1次。在病羊舍、隔离舍的出入口处应放置浸有消毒液的麻袋片或草垫；消毒液可用2%~4%氢氧化钠、1%菌毒敌（对病毒性疾病），或用10%克辽林溶液（对其他疾病）。

2. 地面土壤消毒

土壤表面可用10%漂白粉溶液、4%福尔马林或10%氢氧化钠溶液消毒。停放过芽孢杆菌所致传染病（如炭疽病）羊尸体的场所，应严格加以消毒。首先，用上述漂白粉溶液喷洒地面，然后将表层土壤挖起30厘米左右，撒上干漂白粉，并与土混合，将此表层土妥善运出掩埋。其他传染病所污染的地面土壤，则可先将地面翻一下（深度约30厘米），在翻地的同时撒上干漂白粉（用量为每平方米0.5千克），然后以水洇湿、压平。如果放牧地区被某种病原体污染，一般利用自然因素（如阳光）来消除病原体；如果污染的面积不大，则应使用化学消毒药消毒。

3. 粪便消毒

羊的粪便消毒方法有多种，最实用的方法是生物热消毒法，即在距羊场100~200米以外的地区设一堆粪场，将羊粪堆积起来，上面覆盖10厘米厚的沙土，堆放发酵30天左右，即可用作肥料。

4. 污水消毒

最常用的方法是将污水引入污水处理池，加入化学药品（如漂白粉

或其他氯制剂）进行消毒，用量视污水量而定，一般1升污水用2～5克漂白粉。

5. 皮毛消毒

患有传染性疾病的羊只生产的羊皮、羊毛均应消毒。应当注意，羊患炭疽病时，严禁从尸体上剥皮；在贮存的原料皮中即使只发现1张患炭疽病的羊皮，也应将整堆与它接触过的羊皮进行消毒。皮毛的消毒，目前广泛利用环氧乙烷气体消毒法。消毒时必须在密闭的专用消毒室或密闭良好的容器（常用聚乙烯或聚氯乙烯薄膜制成的篷布）内进行。在室温15℃时，每立方米密闭空间使用环氧乙烷0.4～0.8千克，维持12～48小时，相对湿度在30%以上。此法对细菌、病毒、霉菌均有良好的消毒效果，对皮毛等产品中的炭疽芽孢也有较好的消毒作用。

六、实施药物预防

羊场可能发生的疫病种类很多，其中有些病目前已研制出有效的疫苗，还有不少病尚无疫苗可供利用；有些病虽有疫苗但实际应用还有问题，因此，用药物预防这些疫病也是一项重要措施。药物预防通常是以安全而价廉的药物加入饲料和饮水中，让羊群自行采食或饮用。

常用的药物有磺胺类和抗生素类药物。磺胺类药物常拌入饲料或混于饮水中使用。药物占饲料或饮水的比例一般是：磺胺类药物，预防量0.1%～0.2%，治疗量0.2%～0.5%。一般连用5～7天，必要时也可酌情延长。但如长期使用化学药物预防，容易产生耐药性菌株，影响药物的防治效果，因此，要经常进行药敏试验，选择有高度敏感性的药物用于防治。此外，成年羊口服土霉素等抗生素时，常会引起肠炎等中毒反应，必须注意。

饲料添加剂可促进羊的生长发育，而且可增强其抗感染的能力。目前广泛使用的饲料添加剂中含有各种维生素、无机盐、氨基酸、抗氧化剂、抗生素、中草药等，而且每年都在研究改进添加剂的成分和用量，以便不断提高羊的生产性能和抗病能力。

微生态制剂是根据微生态学原理，利用机体正常的有益微生物或其促进物质制成的一种新型活菌制剂，近10年来国内外发展很快，广泛用于人类、动物和植物。用于动物者称为动物微生态制剂。目前国内已有促菌生、乳康生、调痢生、健复生等10余种制剂。这类制剂的特点是，具有调整动物肠道菌群比例失调、抑制肠道内病原菌增殖、防止幼畜下

痢等功能，并有促进动物生长、提高饲料利用率等作用。此类药剂的粉剂可供拌料（用量为饲料的0.1%~2.0%），片剂可供口服。应避免与抗菌药物同时服用。

七、组织定期驱虫

为了预防羊的寄生虫病，应在发病季节到来之前，用药物给羊群进行预防性驱虫。预防性驱虫的时机，根据寄生虫病季节动态调查确定。例如，某地的肺线虫病主要发生于11~12月及次年的4~5月，那就应该在秋末、冬初草枯以前（10月底或11月初）和春末、夏初羊抢青以前（3~4月）各进行1次药物驱虫，也可将驱虫药小剂量地混在饲料内，在整个冬季补饲期间让羊食用。

预防性驱虫所用的药物有多种，应视病的流行情况选择应用。阿苯达唑（丙硫苯咪唑）具有高效、低毒、广谱的优点，对羊常见的胃肠道线虫、肺线虫、肝片吸虫和绦虫均有效，可同时驱除混合感染的多种寄生虫，是较理想的驱虫药物。使用驱虫药时，要求剂量准确，并且要先做小群驱虫试验，取得经验后再进行全群驱虫。驱虫过程中如发现病羊，应进行对症治疗，及时解救出现毒、副作用的羊。

药浴是防治羊的外寄生虫病，特别是羊螨病的有效措施，可在剪毛后10天左右进行。药浴液可用1%敌百虫水溶液或速灭菊酯（80~200毫克/升）、溴氰菊酯（50~80毫克/升）。药浴可在特建的药浴池内进行，或在特设的淋浴场淋浴，也可用人工方法抓羊在大盆（缸）中逐只洗浴。

八、预防中毒的措施

1）不在生长有毒植物的地区放牧。山区或草原地区，生长有大量的野生植物，是羊的良好天然饲料来源，但有些植物含毒。为了减少或杜绝中毒的发生，要做好有毒植物的鉴定工作，调查有毒植物的分布，不在生长有毒植物的区域内放牧，或实行轮作，铲除毒草。

2）不饲喂霉败饲料。要把饲料贮存在干燥、通风的地方；饲喂前要仔细检查，如果发霉变质，应废弃不用。

3）注意饲料的调制、搭配和贮藏。有些饲料本身含有有毒物质，饲喂时必须加以调制。如棉籽饼含有游离棉酚，具有毒性，经高温处理后可减毒，减毒后再按一定比例同其他饲料混合搭配饲喂，就不会发生中毒。有些饲料如马铃薯，若贮藏方法不当，其中的有毒物质龙葵素会

大量增加，对羊有害，因此应贮存在避光的地方，防止变青发芽；饲喂时也要同其他饲料按一定比例搭配。

4）妥善保存农药及化肥。一定要把农药和化肥放在仓库内，由专人负责保管，以免误作饲料，引起中毒。被污染的用具或容器应消毒处理后再使用。

对其他有毒药品如灭鼠药等的运输、保管及使用也必须严格，以免羊接触发生中毒事故。

5）远离水源性毒物。对喷洒过农药和施有化肥的农田排放的水，不应作饮用水；对工厂附近排出的水或池塘内的死水，也不宜让羊饮用。

九、发生传染病时及时采取措施

羊群发生传染病时，应立即采取一系列紧急措施，就地扑灭，以防止疫情扩大。兽医人员要立即向上级部门报告疫情；同时要立即将病羊和健康羊隔离，不让它们有任何接触，以防健康家畜受到传染；对于发病前与病羊有过接触的羊（虽然在外表上看不出有病，但有被传染的嫌疑，一般叫作“可疑感染羊”），不能再同其他健康羊在一起饲养，必须单独圈养，经20天以上的观察，其不发病，才能与健康羊合群；如有出现症状的羊，则按病羊处理。对已隔离的病羊，要及时进行药物治疗；隔离场所禁止人、畜出入和接近，工作人员出入应遵守消毒制度，隔离区内的用具、饲料、粪便等，未经彻底消毒的不得运出；没有治疗价值的病羊，由兽医根据国家规定进行严格处理；病羊尸体要焚烧或深埋，不得随意抛弃。对健康羊和可疑感染羊，要进行疫苗紧急接种或用药物进行预防性治疗。发生口蹄疫、羊痘等急性、烈性传染病时，应立即向有关部门报告，划定疫区，采取严格的隔离封锁措施，并组织力量尽快扑灭。

第二节　羊病的诊疗和检验技术

一、临床诊断

临床诊断法是诊断羊病最常用的方法。通过问诊、视诊、嗅诊、触诊、听诊、叩诊和大群检查所发现的症状表现及异常变化，综合起来加以分析，往往可对疾病做出诊断，或为进一步检验提供依据。

1. 问诊

问诊是通过询问畜主或饲养员，了解羊发病的有关情况。询问内容一般包括发病时间，发病只数，病前和病后的异常表现，以往的病史、治疗情况，免疫接种情况，饲养管理情况以及羊的年龄、性别等。但在听取其回答时，应考虑所谈情况与当事人的利害关系（责任），分析其可靠性。

2. 视诊

视诊是观察病羊的表现。视诊时，最好先从离病羊几步远的地方观察羊的肥瘦、姿势、步态等情况；然后靠近病羊详细察看被毛、皮肤、黏膜、结膜、粪尿等情况。

（1）肥瘦 一般急性病，如急性臌胀、急性炭疽等，病羊身体仍然肥壮；相反，一般慢性病，如寄生虫病等，病羊身体多为瘦弱。

（2）姿势 观察病羊一举一动是否与平时相同，如果不同就可能是有病的表现。有些疾病表现出特殊的姿势，如破伤风表现四肢僵直，行动不灵便。

（3）步态 一般健康羊步行活泼而稳定。如果羊患病时，常表现行动不稳，或不喜行走。当羊的四肢肌肉、关节或蹄部发生疾病时，则表现为跛行。

（4）被毛和皮肤 健康羊的被毛，平整而不易脱落，富有光泽。在病理状态下，被毛粗乱蓬松，失去光泽，而且容易脱落。患螨病的羊，患部被毛可成片脱落，同时皮肤变厚变硬，出现蹭痒和擦伤。在检查皮肤时，除注意皮肤的颜色外，还要注意有无水肿、炎性肿胀、外伤，以及皮肤是否温热等。

（5）黏膜 一般健康羊的眼结膜、鼻腔、口腔、阴道和肛门黏膜光滑呈粉红色。如口腔黏膜发红，多半是由于体温升高，身体上有发炎的地方所引起。黏膜发红并带有红点、血丝或呈紫色，是由于严重的中毒或传染病引起的。黏膜呈苍白色，多为患贫血病所引起；呈黄色，多为患黄疸病所引起；呈蓝色，多为肺脏、心脏患病所引起。

（6）吃食、饮水、口腔、粪尿 羊吃食量或饮水量忽然增多或减少，以及喜欢舔泥土、吃草根等，也是有病的表现，可能是慢性营养不良引起的。反刍减少、无力或停止，表示羊的前胃有病。口腔有病时，如喉头炎、口腔溃疡、舌有烂伤等，打开口腔就可看出来。羊的排粪也要检查，主要检查其形状、硬度、色泽及附着物等。正常时，羊粪呈小球形，没有难闻臭味。病理状态下，粪便有特殊臭味，见于各型肠炎；粪便过于干燥，多为缺水和肠弛缓；粪便过于稀薄，多为肠道机能亢进；

前部肠管出血粪呈黑褐色，后部出血则呈鲜红色；粪内有大量黏液，表示肠黏膜有卡他性炎症；粪便混有完整谷粒或纤维很粗，表示消化不良；混有纤维素膜时，表示为纤维素性肠炎；混有寄生虫及其节片时，体内有寄生虫。正常羊每天排尿3～4次，排尿次数和尿量过多或过少，以及排尿痛苦、失禁，都是有病的征候。

（7）呼吸　正常时，羊每分钟呼吸12～20次。呼吸次数增多，见于热性病、呼吸系统疾病、心脏衰弱及贫血、腹压升高等；呼吸次数减少，主要见于某些中毒、代谢障碍、昏迷。另外，还要检查呼吸型、呼吸节律，以及呼吸是否困难等。

3. 嗅诊

诊断羊病时，嗅闻其分泌物、排泄物、呼出气体及口腔气味也很重要。如患肺坏疽时，鼻液带有腐败性恶臭；患胃肠炎时，粪便腥臭或恶臭；消化不良时，可从呼气中闻到酸臭味。

4. 触诊

触诊是用手指或指尖感触被检查的部位，并稍加压力，以便确定被检查的各个器官组织是否正常。触诊常用如下几种方法。

（1）皮肤检查　主要检查皮肤的弹性、温度、有无肿胀和伤口等。羊的营养不好或得过皮肤病，皮肤就没有弹性。发高烧时，皮温会升高。

（2）体温检查　一般用手摸羊耳朵或把手插进羊嘴里去握住舌头，可知道病羊是否发热。但是准确的方法是用体温表测量。在给病羊量体温时，先把体温表的水银柱甩下去，涂上油或水以后，再慢慢插入肛门里，体温表的1/3留在肛门外面，插入后滞留的时间一般为2～5分钟。羊的体温，一般羔羊比成年羊高一些，热天比冷天高一些，运动后比运动前高一些，这都是正常的生理现象。羊的正常体温是38～40℃。如高于正常体温，为发热，常见于传染病。

（3）脉搏检查　检查时注意每分钟跳动次数和强弱等。检查羊脉搏的部位，是用手指摸后肢股部内侧的动脉。健康羊每分钟脉搏跳动70～80次。羊有病时脉搏的跳动次数和强弱都和正常羊不同。

（4）体表淋巴结检查　主要检查下颌、肩前、膝上和乳房淋巴结。当羊发生结核病、伪结核病、羊链球菌病时，体表淋巴结往往肿大，其形状、硬度、温度、敏感性及活动性等也会发生变化。

（5）人工诱咳　检查者站在羊的左侧，用右手捏压气管前3个软骨环，羊有病时，就容易引起咳嗽。羊患肺炎、胸膜炎、结核时，咳嗽低弱；患喉炎及支气管炎时，则咳嗽强而有力。

5. 听诊

听诊是利用听觉来判断羊体内正常的和有病的声音。最常用的听诊部位为胸部（心、肺）和腹部（胃、肠）。听诊的方法有 2 种：一种是直接听诊，即将一块布铺在被检查的部位，然后把耳朵紧贴其上，直接听羊体内的声音；另一种是间接听诊，即用听诊器听诊。不论用哪种方法听诊，都应当把病羊牵到安静的地方，以免受外界杂音的干扰。

（1）心脏听诊 心脏跳动的声音，正常时可听到“嘣-冬”2 个交替发出的声音。“嘣”音，为心脏收缩时所产生的声音，其特点是低、钝、长、间隔时间短，叫作第一心音。“冬”音，为心脏舒张时所产生的声音，其特点是高、锐、间隔时间长，叫作第二心音。第一、第二心音均增强，见于热性病的初期；第一、第二心音均减弱，见于心脏机能障碍的后期或患有渗出性胸膜炎、心包炎；第一心音增强时，常伴有明显的心搏动增强和第二心音微弱，主要见于心脏衰弱的后期，排血量减少，动脉压下降时；第二心音增强时，见于肺气肿、肺水肿、肾炎等病理过程中。如果在正常心音以外听到其他杂音，多为瓣膜疾病、创伤性心包炎、胸膜炎等。

（2）肺脏听诊 听取肺脏在吸入和呼出空气时的声音，由于肺脏振动而产生的声音。一般有下列 5 种。

1）肺泡呼吸音。这种健康羊吸气时，从肺部可听到“夫”的声音；呼气时，可听到“呼”的声音，这称为肺泡呼吸音。肺泡呼吸音过强，多为支气管炎、黏膜肿胀等；过弱时，多为肺泡肿胀、肺泡气肿、渗出性胸膜炎等。

2）支气管呼吸音。这种是空气通过喉头狭窄部所发出的声音，类似“赫”的声音。如果在肺部听到这种声音，多为肺炎的肝变期，见于羊的传染性胸膜肺炎等病。

3）啰音。这种是支气管发炎时，管内积有分泌物，被呼吸的气流冲动而发出的声音。啰音可分为干啰音和湿啰音 2 种。干啰音甚为复杂，有咝咝声、笛声、口哨声及猫鸣声等，多见于慢性支气管炎、慢性肺气肿、肺结核等。湿啰音类似含漱音、沸腾音或水泡破裂音，多发生于肺水肿、肺充血、肺出血、慢性肺炎等。

4）捻发音。这种声音像用手指捻毛发时所发出的声音，多发生于慢性肺炎、肺水肿等。

5）摩擦音。一般有2种，一为胸膜摩擦音，多发生在肺脏与胸膜之间，多见于纤维素性胸膜炎、胸膜结核等。因为胸膜发炎，纤维素沉积，使胸膜变得粗糙，当呼吸时，互相摩擦而发出声音，这种声音像一手贴在耳上，用另一手的手指轻轻摩擦贴耳的手背所发出的声音。另一种为心包摩擦音，当发生纤维素性心包炎时，心包的两叶失去润滑性，因而伴随心脏的跳动两叶互相摩擦而发出杂音。

（3）腹部听诊　主要是听取腹部胃肠运动的声音。羊健康的时候，于左肷窝可听到瘤胃蠕动音，呈逐渐增强又逐渐减弱的沙沙声，每2分钟可听到3～6次。羊患前胃弛缓或发热性疾病时，瘤胃蠕动音减弱或消失。羊的肠音类似于流水声或漱口声，正常时较弱。在羊患肠炎初期，肠音亢进，便秘时肠音消失。

6. 叩诊

叩诊是用手指或叩诊锤来叩打羊体表部分或体表的垫着物（如手指或垫板），借助所发声音来判断内脏的活动状态。羊的叩诊方法是左手食指或中指平放在检查部位，右手中指由第二指节成直角弯曲，向左手食指或中指第二指节上敲打。叩诊的音响有：清音、浊音、半浊音、鼓音。清音，为叩诊健康羊的胸廓所发出的持续、高而清的声音。浊音，为健康状态下，叩打臀及肩部肌肉时发出的声音；在病理状态下，当羊胸腔积聚大量渗出液时，叩打胸壁出现水平浊音界。半浊音，为介于浊音和清音之间的一种声音，叩打含少量气体的组织（如肺缘）时，可发出这种声音；羊患支气管肺炎时，肺泡含气量减少，叩诊呈半浊音、鼓音；如叩打左侧瘤胃处，发鼓响音，若瘤胃臌气，则鼓响音增强。

7. 大群检查

羊临床诊断时，如羊的数量不多，可应用上述各种方法，直接进行个体检查。但在运输、仓储等生产环节中，羊的数量较多，不可能逐一进行检查，此时应先做大群检查（初检），从大群羊中先剔出病羊和可疑病羊，然后再对其进行个体检查（复检）。运动、休息和摄食饮水的检查，是对大群羊进行临床检查的三大环节；“眼看、耳听、手摸、检温（即用体温计检查羊的体温）”是对大群羊进行临床检查的主要方法。运用“看、听、摸、检”的方法，通过三大环节的检查，可把大部分病羊从羊群中检查出来。运动时的检查，是在羊群的自然活动和人为驱赶活动时的检查，从不正常的运动姿态中找出病羊。休息时的检查，是在保持羊群安静的情况下，进行“看”和“听”，以检出姿态和声音有异常变化的羊。摄食饮水时的检查，是在羊自然摄食、饮水或喂给少量食物、饮水时进行的检查，以检出摄食、饮水有异常表现的羊。根据羊群流转情况，由车船卸下或由圈舍赶往饲喂场所时，可重点检查运动时的状态；当羊在车厢、船舱及圈舍内休息时，可重点检查休息时的状态。有时在休息时的检查之后，将羊轰赶起来，令其走动，以检查其运动时的状态。因此，这三个环节的检查可根据实际情况灵活运用。

羊场巡查及对病羊的处理

（1）运动时的检查 检查者位于羊群旁边或进入羊群内。首先，观察羊的精神外貌和姿态步样。健康羊精神活泼，步态平稳，不离群、不掉队。而病羊多精神不振，沉郁或兴奋不安，步行踉跄或呈旋回状，跛行，前肢软弱跪地或后肢麻痹，有时突然倒地发生痉挛等。发现有这些异常表现的羊时，应将其剔出做个体检查。其次，注意观察羊的天然孔及分泌物。健康羊鼻镜湿润，鼻孔、眼及嘴角干净，病羊则表现鼻镜干燥，鼻孔流出分泌物，有时鼻孔周围污染脏土杂物，眼角附着脓性分泌物，嘴角流出唾液，发现这样的羊，应将其剔出复检。

（2）休息时的检查 检查者位于羊群周围，保持一定距离。首先，有顺序地并尽可能地逐只观察羊的站立和躺卧姿态。健康羊吃饱后多合群卧地休息，时而进行反刍，当有人接近时常起立离去。病羊常独自呆立一侧，肌肉震颤及痉挛，或离群单卧，长时间不见其反刍，有人接近也不理睬。发现这样的羊应做进一步检查。其次，与运动时的检查一样要注意羊的天然孔、分泌物及呼吸状态等，当发现口鼻及肛门等处流出异常分泌物及排泄物，鼻镜干燥和呼吸促迫时，也应剔出。再次，注意被毛状态，如发现被毛有脱落之处，无毛部位有痘疹或痂皮时，也要剔出做进一步检查。休息时的检查还要听羊的各种声音，如听到磨牙声、咳嗽声或喷嚏声时，也要剔出复检。

（3）摄食饮水时的检查 该检查是在放牧、喂饲或饮水时对羊的食欲及摄食饮水状态进行的观察。健康羊在放牧时多走在前头，边走边吃草，饲喂时也多抢着吃草，当饮水时或放牧中遇见水时，多迅速奔向饮水处，争先喝水。病羊吃草时，多落在后边，时吃时停，或离群停立不吃草，当全群羊吃饱后，病羊的饥窝（肷部）仍不臌起，饮水时或不喝或暴饮，如发现这样的羊，应予剔出。

二、病料送检

羊群发生疑似传染病时，应采取病料送有关诊断实验室检验。病料的采取、保存和运送是否正确，对疾病的诊断至关重要。

1. 病料的采取

1）剖检前检查。凡发现羊急性死亡时，必须先用显微镜检查其末梢血液抹片中有无炭疽杆菌存在。如怀疑是炭疽，则不可随意剖检，只有在确定不是炭疽时，方可进行剖检。

2）取材时间。内脏病料的采取，须于死亡后立即进行，最好不超过6小时，否则时间过长，由于肠内侵入其他细菌，易使尸体腐败，影响病原微生物检出的准确性。

3）器械的消毒。刀、剪、镊子、注射器、针头等应煮沸30分钟。器皿（玻璃制、陶制、珐琅制等）可用高压灭菌或干烤灭菌。软木塞、橡皮塞置于0.5%苯酚水溶液中煮沸10分钟。采取1种病料，使用1套器械和容器，不可混用。

4）病料采取。应根据不同的传染病，相应地采取该病常受侵害的内脏或内容物，如败血性传染病可采取心脏、肝脏、脾脏、肺、肾脏、淋巴结、胃、肠等；肠毒血症采取小肠及其内容物；有神经症状的传染病采取脑、脊髓等。如无法判定是哪种传染病，可进行全面采取。检查血清抗体时，采取血液，凝固后析出血清，将血清装入灭菌小瓶中送检。为了避免杂菌污染，对病变的检查应待病料采取完毕后再进行。供显微镜检查用的脓、血液及黏液抹片，可按下述方法制作：先将材料置于载玻片上，再用灭菌玻棒均匀涂抹或以另一玻片一端的边缘与载玻片成45°角推抹；用组织块做触片时，可持小镊子将组织块的游离面在载玻片上轻轻涂抹即可。做成的抹片、触片，包扎后在载玻片上应注明号码，并另附说明。

2. 病料的保存

病料采取后，如不能立即检验，或需送往有关单位检验时，应当装入容器并加入适量的保存剂，使病料尽量保持新鲜状态。

1）细菌检验材料的保存。将内脏组织块保存于装有饱和氯化钠溶液或30%甘油缓冲盐水的容器中，容器加塞封固。病料如为液体，可装在封闭的毛细玻璃管或试管中运送。饱和氯化钠溶液的配制方法是：蒸馏水100毫升、氯化钠38～39克，充分搅拌溶解后，用数层纱布过滤，高压灭菌后备用。30%甘油缓冲盐水溶液的配制方法是：中性甘油30毫升、氯化钠0.5克、碱性磷酸钠1克，加蒸馏水至100毫升，混合后高压灭菌备用。

2）病毒检验材料的保存。将内脏组织块保存于装有50%甘油缓冲盐水或鸡蛋生理盐水的容器中，容器加塞封固。50%甘油缓冲盐水溶液的配制方法是：氯化钠2.5克、酸性磷酸钠0.46克、碱性磷酸钠10.74克，溶于100毫升中性蒸馏水中，加纯中性甘油150毫升、中性蒸馏水50毫升，混合分装后，经高压灭菌备用。鸡蛋生理盐水的配制方法是：先将新鲜鸡蛋表面用碘酒消毒，然后打开将内容物倾入灭菌容器内，按全蛋9份加入灭菌生理盐水1份的比例，摇匀后用灭菌纱布过滤，再加热至56~58℃，持续30分钟，第二天及第三天按上述方法再加热1次，即可应用。

3）病理组织学检验材料的保存。病理组织学检验材料在10%福尔马林溶液或95%酒精中固定，固定液的用量应为送检病料的10倍以上。如用10%福尔马林溶液固定，应在24小时后换新鲜溶液1次。严寒季节为防病料冻结，可将上述固定好的组织块取出，保存于甘油和10%甲醛等量混合液中。

3. 病料的运送

装病料的容器要一一标号，详细记录，并附病料送检单。病料包装要求安全稳妥，对于危险材料、怕热或怕冻的材料要分别采取措施。一般供病原学检验的材料怕热，供病理学检验的材料怕冻。前者应放入加有冰块的保温瓶内送检，如无冰块，可在保温瓶内放入氯化铵450~500克，加水1500毫升，上层放病料，这样能使保温瓶内保持0℃达24小时。包装好的病料要尽快运送，长途以空运为宜。

三、给药方法

应根据病情、药物的性质、羊的大小和只数，选择适当地给药方法。

1. 群体给药法

为了预防或治疗羊的传染病和寄生虫病，以及促进畜禽发育、生长等，常常对羊群体施用药物，如抗菌药（四环素族抗生素、磺胺类药等）、驱虫药（如硫苯咪唑等）、饲料添加剂、微生态制剂（如促菌生、调痢生等）等。大群用药前，最好先做小批的药物毒性及药效试验。常用给药方法有以下2种。

（1）混饲给药　将药物均匀混入饲料中，让羊吃料时能同时吃进药物。此法简便易行，适用于长期投药。不溶于水的药物用此法更为恰当。应用此法时要注意药物与饲料的混合必须均匀，并应准确掌握饲料中药物所占的比例；有些药适口性差，混饲给药时要少添多喂。

（2）混水给药　将药物溶解于水中，让羊只自由饮用。有些疫苗也可用此法投服。对因病不能吃食但还能饮水的羊，此法尤其适用。采用此法须注意根据羊可能饮水的量，来计算药量与药液浓度。在给药前，一般应停止饮水半天，以保证每只羊都能饮到一定量的水。所用药物应易溶于水。有些药物在水中时间长了易破坏变质，此时应限时饮用药液，以防止药物失效。

2. 口服法

（1）长颈瓶给药法　当给羊灌服稀药液时，可将药液倒入细口长颈的玻璃瓶、塑料瓶或一般的酒瓶中，抬高羊的嘴巴，给药者右手拿药瓶，左手用食、中二指自羊右口角伸入口内，轻轻压迫舌头，羊口即张开；然后，右手将药瓶口从左口角伸入羊口中，并将左手抽出，待瓶口伸到舌头中段，即抬高瓶底，将药液灌入。

（2）药板给药法　专用于给羊服用舔剂。舔剂不流动，在口腔中不会向咽部滑动，因而不致发生误咽。给药时，用竹制或木制的药板。药板长约30厘米、宽约3厘米、厚约3毫米，表面须光滑没有棱角。给药者站在羊的右侧，左手将开口器放入羊口中，右手持药板，用药板前部刮取药物，从右口角伸入口内到达舌根部，将药板翻转，轻轻按压，并向后抽出，把药抹在舌根部，待羊下咽后，再抹第二次，如此反复进行，直到把药给完。

3. 灌肠法

灌肠法是将药物配成液体，直接灌入直肠内。羊可用细橡皮管灌肠。先将直肠内的粪便清除，然后在橡皮管前端涂上凡士林，插入直肠内，把连接橡皮管的盛药容器提高到羊的背部以上。灌肠完毕后，拔出橡皮管，用手压住肛门或拍打尾根部，以防药液排出。灌肠药液的温度应与体温一致。

4. 胃管法

羊插入胃管的方法有2种，一是经鼻腔插入，二是经口腔插入。

1）经鼻腔插入。先将胃管插入鼻孔，沿下鼻道慢慢送入，到达咽部时，有阻挡感觉，待羊进行吞咽动作时乘机送入食道；如不吞咽，可轻轻来回抽动胃管，诱发吞咽。胃管通过咽部后，如进入食道，继续深送会感到稍有阻力，这时要向胃管内用力吹气，或用橡皮球打气，如见左侧颈沟有起伏，表示胃管已进入食道。如胃管误入气管，多数羊会表现不安、咳嗽，继续深送，感觉毫无阻力，向胃管内吹气，左侧颈沟看不见波动，用手在左侧颈沟胸腔入口处摸不到胃管，同时，胃管末端有与呼吸一致的气流出现。如胃管已进入食道，继续深送即可到达胃内。此时从胃管内排出酸臭气体，将胃管放低时则流出胃内容物。

2）经口腔插入。先装好木质开口器，用绳固定在羊头部，将胃管通过木质开口器的中间孔，沿上腭直插入咽部，借吞咽动作胃管可顺利进入食道，继续深送，胃管即可到达胃内。

胃管插入正确后，即可接上漏斗灌药。药液灌完后，再灌少量清水，然后取掉漏斗，用嘴对胃管吹气，或用橡皮球打气，使胃管内残留的液体完全入胃，用拇指堵住胃管管口，或折叠胃管，慢慢抽出。该法适用于灌服大量水剂及有刺激性的药液。患咽炎、咽喉炎和咳嗽严重的病羊，不可用胃管灌药。

5. 注射法

注射法是将灭过菌的液体药物，用注射器注入羊的体内。注射前，要将注射器和针头用清水洗净，置于沸水中煮30分钟。注射器吸入药液后要直立推进注射器活塞，排除管内气泡，再用酒精棉花包住针头，准备注射。

第三节　羊的主要传染病

一、炭疽

炭疽是人、畜共患的急性、热性、败血性传染病。羊多呈最急性，突然发病，眩晕，可视黏膜发绀，天然孔出血。

1. 流行特点

各种家畜及人对该病都有易感性，羊的易感性高。病羊是主要传染源，濒死病羊体内及其排泄物中常有大量菌体，若尸体处理不当，炭疽杆菌形成芽孢并污染土壤、水、牧地，则可成为长久的疫源地。羊吃了被污染的饲料或饮水而感染，也可经呼吸道和由吸血昆虫叮咬而感染。本病多发于夏季，呈散发或地区性流行。

2. 临床症状

多为最急性，突然发病，患病羊昏迷，眩晕，摇摆，倒地，呼吸困

难，结膜发绀，全身战栗，磨牙，口、鼻流出血色泡沫，肛门、阴门流出血液，而且不易凝固，数分钟即可死亡。羊病情缓和时，兴奋不安，行走摇摆，呼吸加快，心跳加速，黏膜发绀，后期全身痉挛，天然孔出血，数小时内即可死亡。

3. 病理变化

死后尸体迅速腐败而极度臌胀，天然孔流血。血液呈酱油色煤焦油样，凝固不良，可视黏膜发绀或有点状出血，尸僵不全。对死于炭疽的羊，严禁解剖。

4. 鉴别诊断

炭疽和羊快疫、羊肠毒血症、羊猝狙、羊黑疫在临床症状上相似，都是突然发病，病程短促，很快死亡，应注意鉴别诊断。其中羊快疫用病羊肝被膜触片，亚甲蓝染色，镜检可发现无关节长丝状的腐败梭菌。羊肠毒血症在病羊肾脏等实质器官内可见D型产气荚膜梭菌，在肠内容物中能检出产气荚膜梭菌ε毒素。羊猝狙用病羊体腔渗出液和脾脏抹片，可见C型产气荚膜梭菌，从小肠内容物中能检出产气荚膜梭菌β毒素。羊黑疫用病羊肝坏死灶涂片可见两端钝圆、粗大的B型诺维氏梭菌。

5. 防治措施

经常发生炭疽及受威胁地区的易感羊，每年均应做预防接种。目前，我国应用的疫苗有2种：一种是无毒炭疽芽孢苗（对山羊毒力较强，不宜使用），对绵羊可皮下接种0.5毫升，另一种是第Ⅱ号炭疽芽孢苗，山羊和绵羊均皮下接种1毫升。

山羊和绵羊的炭疽，病程短，常来不及治疗。对病程稍缓和的病羊治疗时，必须在严格隔离条件下进行。可采用特异血清疗法结合药物治疗。病羊皮下或静脉注射抗炭疽血清50~100毫升，12小时后体温不下降就再注射一次，病初应用效果好。炭疽杆菌对青霉素、土霉素敏感。其中青霉素最为常用，注射青霉素，大羊20万~40万国际单位，小羊10万~20万国际单位，每隔4~6小时注射1次。注射10%磺胺噻唑钠，第一次40~60毫升，以后每隔8~12小时注射20~30毫升。直到体温下降后再继续注射2~3天。

有炭疽病例发生时，应及时隔离病羊，对污染的羊舍、用具及地面要彻底消毒，可用10%热氢氧化钠或20%漂白粉连续消毒3次，间隔1小时。病羊群除去病羊后，全群应用抗菌药3天，有一定预防作用。

二、口蹄疫

口蹄疫是由口蹄疫病毒引发的一种急性、热性和传播极为迅速的接触性传染病，在偶蹄动物中多有发生，显著特征为牲畜的蹄、乳头、乳房、口腔黏膜等处形成水疱。本病对幼畜的伤害较大，羔羊患病后的死亡率可达50%~70%。

1. 流行特点

羊口蹄疫的流行仅次于牛，病羊和潜伏期带毒羊是主要的传染源，病毒大量存在于水疱皮和水疱液内。本病可经消化道、呼吸道以及受损伤的黏膜、皮肤等途径传染，有时可波及整个羊群或某一地区，给养羊业造成巨大损失。

2. 临床症状

病羊流涎，食欲下降或废绝，反刍减少或停止，初期体温升高可达40~41℃。在病羊的口腔黏膜、阴道、蹄部和乳房部位出现小水疱和烂斑，出现跛行症状。

3. 病理变化

剖检时发现在气管、支气管、咽喉和前胃黏膜见到水疱和烂斑。在羔羊发现心包膜有散在出血点，前胃和大、小肠黏膜可见出血性炎症，心肌切面呈淡黄色或灰白色斑点或条纹，一般称为“虎斑心”，且心肌松软。如果卫生条件不良则会造成继发感染，导致败血症和局部化脓、坏死，并使孕羊流产。

4. 防治措施

本病重在预防，应在平时做好消毒工作，按时注射疫苗。一旦发病，立即将病畜隔离、严格消毒并及时治疗。

（1）常规性预防措施

1）接种疫苗。常发生口蹄疫的地区，应根据发生口蹄疫的类型，每年对所有羊只注射相应的口蹄疫疫苗，包括弱毒疫苗、灭活疫苗、康复血清或高免血清、合成肽疫苗、核酸疫苗等。

2）彻底消毒。采用5%氨水、2%~4%氢氧化钠溶液、10%石灰乳、0.2%~0.5%过氧乙酸、1%强力消毒灵、环氧乙烷、甲醛气体等进行测定消毒。

3）紧急预防措施。坚持“早发现，严封锁，小范围内及时扑灭”的原则，并对未发病的家畜进行紧急预防接种。

（2）发生疫情应采取的措施

1）发生疫情立即上报，实行严密的隔离、治疗、封闭、消毒，限期消灭疫情。将病羊隔离治疗，对养殖点进行封锁隔离，并进行全面彻底消毒，可用消毒药有农福、卫康或0.2%过氧乙酸溶液消毒，每天2次，外环境可用2%氢氧化钠溶液消毒。

2）病死羊及其污染物一律深埋，并彻底消毒。

3）在严格隔离的条件下，及时对病羊进行护理与治疗。护理时，把病羊隔离在清洁的栏内，多饮清水。精心饲养，加强护理，供给柔软的饲料。对吃食有困难的病羊，要耐心饲喂米粥或易消化的食物，或用胃管饲喂。治疗时，口腔溃烂的病羊要用冰硼散或碘甘油涂擦。蹄部用3%克辽林溶液或来苏儿，0.1%高锰酸钾溶液洗涤，擦干后涂松馏油或鱼石脂软膏等，再用绷带包扎。在最后一只病羊痊愈或屠宰后14天内未再出现新的病例，并经全面彻底消毒后方可解除封锁。

三、布氏杆菌病

布氏杆菌病是由布氏杆菌引起的人、畜共患传染病，简称“布病”。近年来在一些地区呈散发流行，给人、畜健康带来严重危害。羊感染后，以母羊发生流产和公羊发生睾丸炎为特征。

1. 流行特点

母羊较公羊易感性高，性成熟后对本病极为易感。消化道是主要感染途径，也可经配种感染。羊群一旦感染，主要表现是妊娠母羊流产，开始仅为少数，以后逐渐增多，严重时可达半数以上，多数病羊流产1次。

2. 临床症状

多数病例为隐性感染。病羊最主要的临床症状是流产，预兆是性器官水肿与充血，从阴道内流出黏性黄褐色或浅红色的分泌物，以及乳房肿胀。有的突然流产或产后病羊很快死亡，并出现胎衣不下、子宫炎、关节炎、乳腺炎，流产多发生在妊娠后的3～4个月。有时患病羊发生关节炎和滑液囊炎而致跛行，公羊发生睾丸炎，少部分病羊发生角膜炎和支气管炎。

3. 病理变化

剖检常见的病变是胎衣部分或全部呈黄色胶样浸润，其中有部分覆有纤维蛋白和脓液，胎衣增厚并有出血点。流产胎儿主要为败血性病变，浆膜与黏膜有出血点与出血斑，皮下和肌肉间发生浆液性浸润，脾脏和淋巴结肿大，肝脏中出现坏死灶。公羊得病时，可发生化脓性坏死性睾丸炎和附睾炎，睾丸肿大，后期睾丸萎缩。

4. 防治措施

本病无治疗价值，一般不予治疗。发病后的防治措施是：用试管凝集或平板凝集反应进行羊群检疫，发现呈阳性和可疑反应的羊均应及时隔离，以淘汰屠宰为宜。严禁与假定健康羊接触。必须对污染的用具和场所进行彻底消毒，流产胎儿、胎衣、羊水和产道分泌物应深埋。凝集反应阴性羊用布氏杆菌猪型 2 号弱毒苗或羊型 5 号弱毒苗进行免疫接种。

四、羊传染性脓疱病

羊传染性脓疱病俗称口疮，是由传染性脓胞病毒引起羊的一种急性接触性传染病。病羊以口唇、鼻镜、眼圈、乳房、蹄部等处黏膜和皮肤上形成丘疹、水疱、脓疱，破溃后形成疣状厚痂为特征。

1. 流行特点

本病以 3 ~6 月龄的羔羊发病为多，常呈群发性流行。成年羊也可感染发病，但呈散发性流行。病羊和带毒羊为传染源，主要通过损伤的皮肤、黏膜感染。本病多发生于气候干燥的秋季，无性别和品种差异。自然感染是由于引入病羊或带毒羊，或者利用被病羊污染的厩舍或牧场而引起。由于病毒的抵抗力较强，本病在羊群内可连续危害多年。

2. 临床症状

病羊精神不振，呆立于墙角，采食量减少，反刍减弱，而后在嘴唇及口角周围出现散在的红斑，逐渐变为丘疹和小结节，继而成为水疱和脓疱，逐渐融合破裂，结成黄色或棕色的疣状硬痂，撕破硬痂后表面出血，有的病变可蔓延至鼻孔和眼周围。患病较轻的羊，1 ~2 周后痂皮干燥脱落后恢复正常。重症病例在溃疡边增生如乳头状瘤，使齿龈红肿、唇舌肿胀变厚，在舌、颊、软腭及硬腭上产生水疱、脓疱，破裂后形成烂斑，口腔内的脓疱破裂后形成溃疡。患部相互融合结痂，结痂后痂垢不断加厚，痂垢下伴有肉芽组织增生，使整个嘴唇肿大呈桑葚状外翻，严重影响采食。病羊被毛枯燥，日渐消瘦，最后衰竭死亡。

少数病羊在蹄部、乳房、阴唇及大腿内侧发生脓疱，破裂后形成烂斑，阴唇肿胀，阴道内流出黏性或脓性分泌物。蹄部患病的病羊肢体运动受到影响，呈跛行或卧地。

3. 诊断要点

（1）现场诊断　根据流行病学、临床症状进行综合诊治。流行特点主要是在秋季散发，羔羊易感。临床症状主要是在口唇、阴部和皮肤、黏膜形成丘疹、脓疱、溃疡和疣状厚痂。

（2）实验室诊断　现场诊断有困难时，可采取病料送实验室检查。

4. 治疗措施

以“清洗患部、消炎、收敛”为治疗原则。将患病羊进行隔离饲养，喂以优质饲草和精料，最好是鲜青草、软干草、玉米面和麸皮等。对其病变部位用镊子去除坏死组织和污物，用0.2%高锰酸钾溶液冲洗创面，伤口涂以3%碘酊或3%甲紫，每天3次，剥掉的痂垢或伪膜要集中烧毁，以防散毒。

痂垢较硬时，先用水杨酸软膏将其软化，除去痂垢后用0.2%高锰酸钾溶液冲洗创面，然后再涂以碘甘油等药物，每天3次，直至伤口愈合为止。

蹄部发生病变的患羊可将其蹄部置于10%福尔马林溶液中浸泡3次，每次1分钟，间隔5～6小时，于次日用3%甲紫溶液等药物涂拭患部。

为了防止继发感染，可用青霉素、链霉素等抗生素配合磺胺类药物进行治疗，还可同时喂服吗啉胍片，用量为50毫克/（次·只），每天2次，连续用药5天。本着去腐生肌、消炎止痛的原则，配合中药治疗，在清洗患病部位后将药涂敷在病灶上，效果良好。

五、羔羊大肠杆菌病

羔羊大肠杆菌病是由致病性大肠杆菌所引起的一种幼羔急性、致死性传染病。临床上表现为腹泻和败血症。

1. 流行特点

多发生于产后数天至6周龄的羔羊，有些地区3～8月龄的羊也有发生，呈地区性流行，也有散发的。本病的发生与气候不良、营养不足、场地潮湿脏污等有关。放牧季节很少发生，冬春舍饲期间常发。经消化道感染。依据临床症状、病理变化和流行情况，可做出初步诊断，确诊须进行实验室诊断。

2. 临床症状

本病潜伏期为1～2天。分为败血型和下痢型2种类型。

（1）败血型 多发生于2～6周龄羔羊。病羊体温41～42℃，精神沉郁，迅速虚脱，有轻微的腹泻或不腹泻，有的带有神经症状，运步失调、磨牙、视力障碍，也有的病例出现关节炎，多于病后4～12小时死亡。

（2）下痢型 多发生于2～8日龄新生羔。病初体温略高，出现腹泻后体温下降，粪便呈半液状，带有气泡，有时混有血液。羔羊表现腹痛，虚弱，严重脱水，不能起立。如不及时治疗，可于24～36小时死亡，病死率为15%～17%。

3. 病理变化

败血型者剖检胸、腹腔和心包见大量积液，内有纤维素样物；关节肿大，内含混浊液体或脓性絮片；脑膜充血，有许多小出血点。下痢型者主要为急性胃肠炎变化，胃内乳凝块发酵，肠黏膜充血、水肿和出血，肠内混有血液和气泡，肠系膜淋巴结肿胀，切面多汁或充血。

4. 防治措施

大肠杆菌对土霉素、磺胺类药物都有敏感性，但必须配合护理和其他对症疗法。土霉素按每天每千克体重20～50毫克，分2～3次口服；或按每天每千克体重10～20毫克，分2次肌内注射；20%磺胺嘧啶钠5～10毫升，肌内注射，每天2次；或口服复方新诺明，每次每千克体重20～25毫克，每天2次，连用3天。也可使用微生态制剂，如促菌生等，按说明拌料或口服，使用此制剂时，不可与抗菌药物同用。新生羔再加胃蛋白酶0.2～0.3克。对心脏衰弱的，皮下注射25%安钠咖0.5～1毫升；对脱水严重的，静脉注射5%葡萄糖盐水20～100毫升；对有兴奋症状的病羔，用水合氯醛0.1～0.2克加水灌服。预防本病，主要是对母羊加强饲养管理，做好抓膘、保膘工作，保证新生羔羊健壮、抗病力强。同时应注意羔羊的保暖。特异性预防可使用灭活疫苗。对病羔要立即隔离，及早治疗。对污染的环境、用具要用0.1%高锰酸钾溶液消毒。

六、巴氏杆菌病

巴氏杆菌病也称羊出血性败血病，是由多杀性巴氏杆菌所引起羊的败血症和肺炎为特征的传染病，主要是由于饲养管理因素和各种应激因素引起，是养羊生产中最常见的疾病之一。

1. 流行特点

多种动物对多杀性巴氏杆菌都有易感性。在绵羊多发于幼龄羊和羔

羊，山羊不易感染。病羊和健康带菌羊是传染源。病原随分泌物和排泄物排出体外，经呼吸道、消化道及损伤的皮肤而感染。带菌羊在受寒、长途运输、饲养管理不当、抵抗力下降时，可发生自体内源性感染。

2. 临床症状

羊群死亡情况有最急性死亡、急性和慢性死亡，其症状按病程长短可分为最急性、急性和慢性3种。

（1）最急性型　多见于哺乳羔羊，大多无明显症状而突然发病，个别的呈现呆立、恶寒战栗、呼吸困难、体质虚弱等症状，几分钟至几小时内便死亡。

（2）急性型　急性型病羊，精神萎靡，食欲减退或废绝，体温升至41～42℃，被毛杂乱，可视黏膜发绀，呼吸困难、咳嗽、打喷嚏，鼻孔流出脓性黏液，并且混有血丝或血块；发病初期便秘，到了后期出现腹泻，粪便呈血水样；消瘦，运动失调，四肢僵直，无法正常运动，颈部、胸下部发生水肿。由于腹泻较严重，最终病羊因虚脱而死，病程为2～5天。妊娠母羊、体弱羊及羔羊发病较多，发病率高达20%～30%，致死率高达40%～50%。

（3）慢性型　慢性型病羊表现为精神沉郁，食欲减退，渐进性消瘦，咳嗽、呼吸困难，鼻腔流出脓性分泌物，有时可见颈部和胸下部发生水肿，患羊由于腹泻而极度消瘦，粪便恶臭，个别可见有角膜炎等症状，体温逐渐下降，最终因极度衰弱而死，病程可达2～3周，甚至时间更长。

3. 病理变化

最急性型剖检可见全身淋巴肿胀，浆膜、黏膜可见出血点，其他脏器无明显变化。

急性型剖检可见皮下有浆液性浸润和小点状出血点，咽喉和气管有出血点；气管黏膜肿胀发炎，胸腔内有黄色渗出物；咽喉淋巴结、肺门淋巴结及肠系膜淋巴结肿胀、出血，切面质脆、多汁且外翻，肺瘀血，呈暗红色，有出血点；心包积液，内有黄色混浊液体，冠状沟处有针尖大小的出血点；肝脏肿胀、瘀血，个别病羊肝脏有灰白色针头大小的坏死灶；脾脏、肾脏没有明显变化；胃肠道黏膜弥漫性出血、水肿和溃疡。

慢性型剖检病变主要在胸腔，常见纤维素性胸膜肺炎和心包炎，肝脏肿胀，有局部坏死灶，病程较长的羊只群体消瘦，皮下呈胶冻样浸润。

4. 防治措施

（1）预防措施

1）加强饲养管理，及时清扫圈舍内外粪便及异物，将粪便堆放在指定地方并进行消毒和发酵处理。严格执行消毒制度，圈舍、地面及过道定期进行消毒，并定期带羊喷雾消毒。

2）注意防寒保暖，加强通风，控制好饲养密度，保持圈舍干燥。

3）定期进行驱虫，杀灭圈舍内外的昆虫及蚊蝇等。

4）春、秋两季给羊群接种羊巴氏杆菌灭活苗，用量为1~1.5毫升/只。

（2）治疗措施

1）用青霉素每千克体重3万国际单位、链霉素1.5万国际单位混合肌内注射，同时，用20%磺胺嘧啶钠按每千克体重注射2~5毫升，每天2次，连用3~5天，再用磺胺嘧啶片研成粉，按0.5%的量添加在饲料中，连喂7~10天。必要时用高免血清或疫苗给羊做紧急免疫接种。或可用以下方法进行治疗：

2）青霉素3万国际单位/千克、链霉素1.5万国际单位/千克混合肌内注射，每天2次，连用3天。地塞米松4~12毫克，安钠咖0.5~2克分别肌内注射，每天2次，连用3天。

3）为防止细菌耐药，待病情缓解后可改用氟苯尼考按每千克体重10毫克，硫酸卡那霉素按每千克体重1.5万国际单位，地塞米松4~12毫克，分别肌内注射，每天1次，直至病羊康复。

4）对食欲废绝、高热不退的重症病羊加用30%安乃近3~5毫升，肌内注射，5%糖盐水250~500毫升、安钠咖1克、维生素C 5毫升混合静脉滴注。也可用10%葡萄糖250毫升、10%磺胺嘧啶按每千克体重0.2毫升、40%乌洛托品10~20毫升混合静脉滴注，每天1次，连用3天。使用上述药物的同时饮用口服补液盐增加营养，调整电解质平衡，有利于病羊恢复。上述药物在体温、呼吸等生理指征恢复正常后巩固1~2天，防止复发。

七、肉毒梭菌中毒症

肉毒梭菌中毒症是由于食入肉毒梭菌毒素而引起的急性致死性疾病。其特征为运动神经麻痹和延脑麻痹。

1. 流行特点

肉毒梭菌的芽孢广泛分布于自然界，土壤为其自然居留地，在腐败

尸体和腐烂饲料中含有大量的肉毒梭菌毒素，所以本病在各个地区都可发生。各种畜、禽都有易感性，主要由于食入霉烂饲料、经腐败尸体和已有毒素污染的饲料、饮水而发病。

2. 临床症状

患病初期，病羊呈现兴奋症状，共济失调，步态僵硬，行走时头弯于一侧或作点头运动，尾向一侧摆动。流涎，有浆液性鼻涕。呈腹式呼吸，终因呼吸麻痹而死。

3. 病理变化

病尸剖检一般无特异变化，有时在胃内发现骨片、木石等物，说明生前有异嗜癖。咽喉和会厌处有灰黄色被覆物，其下面有出血点；胃肠黏膜可能有卡他性炎症和小点状出血；心内外膜也可能有小点状出血；脑膜可能充血；肺可能发生充血和水肿。

4. 防治措施

通过调查发病原因和发病经过并结合临床症状和病理变化，可做出初步诊断，确诊必须检查饲料和尸体内有无毒素存在。

特异性治疗可用肉毒毒素多价抗血清，但须早期使用，同时使用泻剂进行灌肠，以帮助病羊排出肠内的毒素。遇有体温升高者，注射抗生素或磺胺类药物以防发生肺炎。预防本病，平时应注意环境卫生，在牧场羊舍中如发现动物尸体和残骸应及时清除，特别注意不用腐败饲料喂羊。平时在饲料中配入适量的食盐、钙和磷等，以防止动物发生异嗜癖，舔食尸体和残骸等。发现本病时，应查明毒素来源，予以清除。

八、羊肠毒血症

羊肠毒血症又称“软肾病”或“类快疫”，是由 D 型产气荚膜梭菌在羊肠道内大量繁殖产生毒素引起的主要发生于绵羊的一种急性毒血症。本病以急性死亡、死后肾组织易于软化为特征。

1. 流行特点

发病以绵羊为多，山羊较少。以 2 ~ 12 月龄、膘情较好的羊为主。羊采食被芽孢污染的饲草或饮水，芽孢随之进入消化道，一般情况下并不引起发病。当饲料突然改变，特别是从吃干草改为采食大量谷类或青嫩多汁和富含蛋白质的草料之后，导致羊的抵抗力下降和消化功能紊乱，D 型产气荚膜梭菌在肠道迅速繁殖，产生大量 ε 原毒素，经胰蛋白酶激活变为 ε 毒素，毒素进入血液，引起全身毒血症，使羊发生休克而死。本病的发生常表现一定的季节性，牧区以春夏之交抢青时和秋季牧草结籽后的一段时间发病为多；农区则多见于收割抢茬季节或采食大量富含蛋白质饲料时。本病一般呈散发性流行。

2. 临床症状

本病发生突然，病羊表现为腹痛、肚胀症状。患羊常离群呆立、卧地不起或独自奔跑。濒死期发生肠鸣或腹泻，排出黄褐色水样稀粪。病羊全身颤抖，磨牙，头颈后仰，口鼻流沫，于昏迷中死去。体温一般不高，血、尿常规检查有血糖、尿糖升高现象。

3. 病理变化

病变主要限于消化道、呼吸道和心血管系统。真胃内有未消化的饲料；肠道特别是小肠充血、出血，严重者整个肠段肠壁呈血红色或有溃疡；肺脏出血、水肿；肾脏软化如泥样一般认为是一种死后的变化；体腔积液；心脏扩张，心内、外膜有出血点。

4. 类症鉴别

本病应与炭疽、巴氏杆菌病和羊快疫等相鉴别。

1）羊肠毒血症与炭疽的鉴别。炭疽可致各种年龄的羊只发病，临床检查有明显的体温反应，死后尸僵不全，可视黏膜发绀，天然孔流血，血液凝固不良。如剖检可见脾脏高度肿大。细菌学检查可发现具有荚膜的炭疽杆菌，此外，炭疽环状沉淀试验也可用于鉴别诊断。

2）羊肠毒血症与巴氏杆菌病的鉴别。巴氏杆菌病病程多在 1 天以上，临床表现有体温升高，皮下组织有出血性胶样浸润，后期则呈现肺炎症状。病料涂片镜检可见革兰氏阴性、两极染色的巴氏杆菌。

3）羊肠毒血症与羊快疫的鉴别参见羊快疫。

5. 防治措施

1）常发病地区，每年定期接种“羊快疫、肠毒血症、猝狙三联苗”或“羊快疫、肠毒血症、猝狙、羔羊痢疾、黑疫五联苗”，羊只不论大小，一律皮下或肌内注射 5 毫升，注苗后 2 周产生免疫力，保护期达半年。

2）加强饲养管理，农区、牧区春夏之际少抢青、抢茬，秋季避免采食过量结籽牧草。发病时应将羊群及时转移至高燥牧地草场。

3）本病病程短促，往往来不及治疗。羊群出现病例多时，对未发病羊只可内服 10%～20% 石灰乳 500～1000 毫升进行预防。

九、羊快疫

羊快疫是由腐败梭菌经消化道感染引起的主要发生于绵羊的一种急性传染病。本病以突然发病，病程短促，真胃出血性炎性损害为特征。

1. 流行特点

发病羊多为6～18月龄、营养较好的绵羊，山羊较少发病。主要经消化道感染。腐败梭菌以芽孢体形式散布于自然界，特别是潮湿、低洼或沼泽地带。羊只采食污染的饲草或饮水，芽孢体随之进入消化道，但并不一定引起发病。当存在诱发因素时，特别是秋冬或早春季节气候骤变、阴雨连绵之际，羊寒冷饥饿或采食了冰冻带霜的草料时，机体抵抗力下降，腐败梭菌即大量繁殖，产生外毒素，使消化道黏膜发炎、坏死并引起中毒性休克，使患羊迅速死亡。本病以散发性流行为主，发病率低而病死率高。

2. 临床症状

患病羊往往来不及表现临床症状即突然死亡，常见在放牧时死于牧场或早晨发现死于圈舍内。病程稍缓者，表现为不愿行走，运动失调，腹痛、腹泻，磨牙抽搐，最后衰弱昏迷，口流带血泡沫，多于数分钟或几小时内死亡，病程极为短促。

3. 病理变化

病死羊尸体迅速腐败臌胀。剖检见可视黏膜充血呈暗紫色。体腔内多有积液。特征性表现为真胃出血性炎症，胃底部及幽门部黏膜可见大小不等的出血斑点及坏死区，黏膜下发生水肿。肠道内充满气体，常有充血、出血、坏死或溃疡。心内、外膜可见点状出血。胆囊多肿胀。

4. 类症鉴别

羊快疫应与炭疽、羊肠毒血症和羊黑疫等类似疾病相鉴别。

（1）羊快疫与炭疽的鉴别　羊快疫与炭疽的临床症状和病理变化较为相似，可通过病原学检查区别腐败梭菌和炭疽杆菌。此外，也可采集病料做炭疽沉淀试验进行区别诊断。

（2）羊快疫与羊肠毒血症的鉴别　羊快疫与羊肠毒血症在临床表现上很相似，可通过以下几方面进行区别：

1）羊快疫多发于秋冬和早春，多见于阴洼潮湿地区，诱因常为气候骤变，阴雨连绵，风雪交加，特别是在羊采食了冰冻带霜的草料时多发。羊肠毒血症在牧区多发于春夏之交和秋季，农区则多发于夏秋收割季节，羊采食过量谷类或青嫩多汁及富含蛋白质的草料时发生。

2）有肠毒血症时病羊常有血糖和尿糖升高现象，羊快疫则无。

3）羊快疫有显著的真胃出血性炎症，羊肠毒血症则多见肾脏软化。

4）羊快疫病例肝被膜触片可见无关节长丝状的腐败梭菌，羊肠毒血症病例肾脏等实质器官可检出 D 型产气荚膜梭菌。

（3）羊快疫与羊黑疫的鉴别 羊黑疫的发生常与肝片吸虫病的流行有关。羊黑疫病例真胃损害轻微，肝脏多见坏死灶。病原学检查，羊黑疫病例可检出诺维氏梭菌；羊快疫病例则可检出腐败梭菌，而且可观察到腐败梭菌呈无关节长丝状的特征。

5. 防治措施

1）常发病地区，每年定期接种“羊快疫、肠毒血症、猝狙三联苗”或“羊快疫、肠毒血症、猝狙、羔羊痢疾、黑疫五联苗”，羊不论大小，一律皮下或肌内注射 5 毫升，注苗后 2 周产生免疫力，保护期达半年。

2）加强饲养管理，防止严寒袭击，有霜期早晨出牧不要过早，避免采食霜冻饲草。

3）发病时及时隔离病羊，并将羊群转移至高燥牧地或草场，可收到减少或停止发病的效果。

4）本病病程短促，往往来不及治疗。病程稍拖长者，可肌内注射青霉素，每次 80 万 ~100 万国际单位，每天 2 次，连用 2 ~3 天，内服磺胺嘧啶，每次 5 ~6 克，连服 3 ~4 次；也可内服 10% ~20% 石灰乳 500 ~1000 毫升，连服 1 ~2 次。必要时可将 10% 安钠咖 10 毫升加于 500 ~1000 毫升 5% ~10% 葡萄糖溶液中，静脉滴注。

十、羊猝狙

羊猝狙是由 C 型产气荚膜梭菌引起的一种毒血症，临床上以急性死亡、腹膜炎和溃疡性肠炎为特征。

1. 流行特点

本病发生于成年绵羊，以 2 ~4 岁的绵羊发病较多，常流行于低洼、潮湿地区和冬春季节，主要经消化道感染，呈地区性流行。

2. 临床症状

C 型产气荚膜梭菌随污染的饲料或饮水进入羊只消化道，在小肠特别是十二指肠和空肠内繁殖，主要产生 β 毒素，引起羊只发病。病程短促，多未及见到症状即突然死亡。有时发现病羊脱群、卧地，表现不安，

衰弱或痉挛，于数小时内死亡。

3. 病理变化

剖检可见十二指肠和空肠黏膜严重充血糜烂，个别区段可见大小不等的溃疡灶。体腔内多有积液，暴露于空气易形成纤维素絮块。浆膜上有小点出血。死后 8 小时，骨骼肌肌间积聚有血样液体，肌肉出血，有气性裂孔，这种变化与黑腿病的病变十分相似。

4. 防治措施

羊猝狙的防治措施可参照羊快疫、羊肠毒血症的措施进行。

第四节　羊常见寄生虫病的防治

一、肝片吸虫病

本病又叫肝蛭病，是由肝片吸虫寄生而引起慢性或急性肝炎和胆管炎，同时伴发全身性中毒现象和营养障碍等症状的疾病。本病多发于多雨温暖的季节，以采食水草的羊更为多见，常造成本病的普遍流行。肝片吸虫呈扁平状，形似树叶，略大于南瓜子。全身呈浅红色，吸盘在虫的头部。主要寄生于羊的肝脏内，也能进入胆管和胆囊内。一般在胆管内排卵，卵随羊粪排出后，再寄生到一种螺蛳体内。经多次分裂繁殖，最后成为无数具有侵害能力的幼虫而附在水草上。当羊吃了这种草后，幼虫随草进入体内，穿过肠壁，侵入血管和腹腔，再到达胆管。

1. 症状

病羊初期表现体温升高，腹胀，偶有腹泻，很快出现贫血，黏膜苍白。慢性型表现为黏膜苍白，眼睑、下颌及胸腹下部发生水肿，食欲减退，便秘与腹泻交替发生，逐渐消瘦，喜卧；母羊奶汁稀薄，甚至发生流产。有的至次年饲料改善后逐步恢复，有的到后期则严重贫血，出现下痢，最后导致死亡。急性型表现为急性肝炎，病羊衰弱、疲倦，贫血，黏膜苍白体温增高并有神经症状，严重者迅速死亡（较少见）。

2. 剖检尸检

观察肝脏和胆管内有无虫体及检查粪便虫卵，即可确诊。

3. 防治

（1）预防

1）要保证饮水和饲草卫生。应将水草晾晒干后，集中到冬季利用。羊粪进行堆积发酵处理，利用发酵产热将虫卵杀死；病羊的肝脏要废弃

第九章

深埋。

2）采取不同方法灭螺，消灭中间宿主，如药物灭螺、生物灭螺等。可使用1∶5000硫酸铜溶液在草地喷洒灭螺，效果良好；可饲养鸭、鹅等水禽，消灭螺蛳。

3）定期驱虫。每年进行2次定期预防性驱虫，一次在秋末冬初，另一次在冬末春初。严重感染时每年定期驱虫3～4次。

（2）治疗

1）用硝氯酚（拜耳9015）治疗，每千克体重口服4～6毫克。此药不溶于水，可拌于混合精料中喂服，或用片剂口服。该药毒性低、用量小，疗效好，是较好的驱肝片吸虫药物。

2）用硫氯酚（别丁）治疗，每千克体重100毫克，加水摇匀后1次灌服，疗效确实而安全。

3）用阿苯达唑（抗蠕敏）治疗，每千克体重18毫克，1次口服，效果良好，治疗剂量对妊娠母羊无不良影响。

4）用碘醚柳胺治疗，每千克体重7.5～10毫克，1次口服，对成虫和幼虫杀灭效果都好。

5）用硫溴酚治疗，每千克体重50～60毫克。此药毒性低，疗效好，并对幼虫有一定效果。

二、羊胃肠线虫病

羊的皱胃及肠道内，经常有不同种类和数量的线虫寄生，羊常见的胃肠线虫有捻转血矛线虫（寄生于皱胃及小肠）、钩虫（寄生于小肠）、食道口线虫（寄生于大肠）和鞭虫（寄生于盲肠）等。各种线虫往往混合感染，可引起不同程度的胃肠炎、消化机能障碍等。各种消化道线虫引起疾病的情况大致相似，其中以捻转血矛线虫为害最为严重。

1. 症状

临床上均以消瘦、贫血、水肿、下痢为特征。急性型的以羔羊突然死亡为特征，病羊眼结膜苍白，高度贫血，亚急性型的特征是显著的贫血，患羊眼结膜苍白，下颌间和下腹部水肿；身体逐渐衰弱、被毛粗乱，甚至卧地不起；下痢与便秘交替出现。病程为2～4个月，如不死亡，则转为慢性。慢性型的症状不明显，体温一般正常，呼吸、脉搏频数降低及心音减弱，病程达7～8个月或1年以上。

2. 防治

（1）预防

1）羊应饮用干净的流水或井水，粪便应堆积发酵，杀死虫卵。

2）每半年驱虫1次，选用药物有口服伊维菌素，每千克体重0.2毫克；或口服敌百虫，每千克体重50毫克，或肌内注射左旋咪唑，每千克体重5毫克；或口服阿苯达唑，每千克体重10毫克。

（2）治疗

治疗可用阿苯达唑、左旋咪唑、敌百虫等药物治疗，用药量及治疗方法同上。

三、绦虫病

羊绦虫病是由莫尼茨绦虫、曲子宫绦虫及无卵黄腺绦虫寄生在羊体内而引起的，主要为害羔羊。这三种绦虫既可单独感染，也可混合感染。最常见的为莫尼茨绦虫，虫长1～5米，虫体由许多节片连成。绦虫主要寄生在羊的小肠里，待节片成熟后随粪便排出。节片中含有大量虫卵，虫卵被一种地螨吞食后，就在地螨体内孵化，再发育成似囊尾蚴。当羊吃草时吞食了含有似囊尾蚴的地螨后，即感染绦虫病。地螨多在温暖和多雨季节活动，所以羊绦虫病在夏、秋两季发病较多。

1. 症状

成年羊轻微感染时病症不明显。羔羊感染初期出现消化功能紊乱、食欲减退而饮水增多，发生下痢和水肿，并出现贫血、淋巴结肿大等症状，粪中混有虫体节片。后期病羔表现衰弱，有的因肠阻塞而死；有的表现不安、痉挛等神经症状。末期病羊卧地不起，头向后仰、口吐白沫、反应迟钝直至死亡。严重感染时，或伴有继发病，或并发其他疾病时，则易死亡。

2. 诊断

采取病羊粪便，检查有无绦虫节片。感染羊的粪便中常可见到黄白色节片即绦虫脱落的体节。

3. 防治

（1）预防　种植优良牧草，进行深耕，能大量减少地螨，从而降低感染概率。

（2）治疗

1）口服阿苯达唑，按每千克体重5～20毫克，制成1%悬浮液灌服。

2）口服硫氯酚（别丁），按每千克体重100毫克，加水配成悬浮液，1次灌服，疗效好。

3）口服氯硝柳胺（灭绦灵），每千克体重50～70毫克。

4）口服1%硫酸铜溶液，按每千克体重2毫升的剂量灌服，安全而有效。但应注意硫酸铜一定要溶解在雨水或蒸馏水内，药液要现配，要避免用金属器具盛装药液，喂药前12小时和喂药后2～3小时禁止饮水和吃奶。

5）口服吡喹酮，每千克体重30～50毫克，羔羊不论体重大小均用1克，配成悬浮液灌服，连续5天，疗效较好。

四、疥癣病

本病又称羊螨病，是由螨侵袭并寄生于羊的体表而引起皮肤剧烈痒的一种慢性皮肤疾病。本病多发生于秋、冬两季，尤以羔羊易感染而且发病较严重。羊舍阴暗潮湿、饲养管理不当、卫生制度不严、羊群拥挤等都是本病蔓延的重要原因。

1. 症状

病羊首先皮肤发痒，患部皮肤最初生成针头大至粟粒大的结节，继而形成水疱，渗出液增多，最后结成浅黄色脂肪样的痂皮，或形成皲裂，常被污染而化脓。多发生在长毛的部位，开始局限于背部或臀部，以后很快蔓延到体侧。病羊因患部奇痒难忍而到处乱擦乱蹭，啃咬患处，用蹄子扒或在墙上蹭。引起皮肤发炎和脓肿，最后使皮肤变厚、失去弹性、发皱并盖满大量痂片，严重时可使羊毛大片脱落，甚至全身脱毛。病羊贫血，消瘦，逐渐死亡。

2. 防治

（1）预防

1）保持栏舍卫生、干燥和通风良好，对栏舍和用具定期消毒。加强检疫工作，对新调入的羊应隔离检查后再混群；病羊应隔离饲养。

2）每年定期对羊进行药浴。药液可用0.5%～1%敌百虫水溶液，或以50%辛硫磷乳油对水配制成0.05%的药液。疥癣病的治疗也常用该法。

（2）治疗 方法分为涂药疗法和药浴疗法2类。药浴适用于病畜数量多而且气候温暖的季节。当在寒冷季节和病畜数量少时，宜用涂药疗

法。涂药前，先剪去患部及附近的毛，用温开水擦洗，除去皮表痂皮等污物。常用的涂药为0.5%~1%敌百虫溶液，或0.1%~0.5%的含10%溴氰菊酯（敌杀死），疗效都很好。每次涂药面积不得超过体表面积的1/3，不得把药涂到嘴或眼里，防止羊用舌头舔药而引起中毒。

第五节　普通病的防治

一、瘤胃积食

瘤胃积食是瘤胃充满过量饲料，超过了正常容积，致使胃体积增大，胃壁扩张，食糜滞留在瘤胃中，引起严重消化不良的疾病。

由于羊采食了过多的质量不良、粗硬而且难于消化的饲草或容易膨胀的饲料，或采食干料而饮水不足，或时饥时饱，突然更换草料等所致。常见于贪食大量的青草、紫云英或甘薯、胡萝卜、马铃薯等饲料的羊；或因饥饿采食了大量谷草、稻草、豆秸、花生秧、甘薯藤等，而饮水不足，难于消化；或过食谷类饲料，又大量饮水，致饲料膨胀，从而导致发病。如不及时进行治疗，常常引起死亡。

1. 症状

病初病羊不断嗳气，反刍消失，随后嗳气停止，腹痛摇尾，精神沉郁。左侧腹下轻度膨大，肷窝略平或稍凸出，触摸稍感硬实，瘤胃坚实；后期呼吸促迫而困难，脉搏增数。黏膜呈深紫红色，全身衰弱，卧地不起。发生脱水和自体中毒，若无并发症，则体温正常。过食豆谷混合精料引起的瘤胃积食，呈急性，主要表现为中枢神经兴奋性增强、视觉障碍、侧卧、脱水及酸中毒症状。

2. 防治

（1）预防　定时定量饲喂，防止羊只过食，饲料搭配要适当，不要突然更换饲料。注意适当运动。

（2）治疗

1）一旦确诊，首先应予禁食，防止病情进一步恶化。

2）清肠消导，可用液状石蜡100~200毫升，人工盐50克，芳香氨酮10毫升，加水500毫升，1次灌服。或用植物油150~300毫升灌服。

3）解除酸中毒，可用5%碳酸氢钠100毫升加5%葡萄糖200毫升，静脉注射。心脏衰弱可用10%安钠咖5毫升或10%樟脑磺酸钠4毫升，肌内注射。

4）若药物治疗无效，可进行瘤胃切开术，取出内容物，并用1%温食盐水洗涤。

二、羔羊消化不良

由于母羊妊娠后期饲养不良，所产羔羊体质虚弱，食欲不振；初乳质量差，羔羊吃不到足够的初乳，抵抗力极差，从而导致消化不良。

1. 症状

本病以腹泻为特征，病初食欲下降或不愿吃奶，喜卧地，腹痛，粪便由稠变稀，呈灰白色或绿色，并附有气泡，严重的带有血液，最后衰竭死亡。

2. 防治

（1）预防 加强母羊妊娠后期的饲养管理，增加营养，使母羊奶水充足，羔羊有较强的抵抗力。

（2）治疗

1）促进消化。乳酶生每次2~4克，口服，每天3次。

2）补液健胃。10%高渗盐水20毫升，20%葡萄糖100毫升，维生素C 10毫升，一次静脉注射。每天1次，连用2~3次。

3）抑菌消炎。肌内注射卡那霉素，每千克体重2万国际单位，同胃蛋白酶加水灌服，每天3次。脱水时静脉注射糖盐水250~300毫升，10%安钠咖1毫升。

三、胃肠炎

胃肠炎是胃肠黏膜表层或深层的炎症，比单纯性胃或肠的炎症更严重，能引起胃肠消化障碍和自体中毒。青年羊发病较多，羔羊也易发生。

胃肠炎多因喂给品质不良，含有泥沙、霉菌、化学药品及冰冻腐败变质的饲草、饲料或误食农药处理过的种子、饲料和污水所致；也可因过食混合精料、有毒植物中毒以及羊栏地面湿冷等引起本病的发生；某些传染病、寄生虫病、胃肠病、产科疾病等均可继发胃肠炎。

1. 症状

初期病羊多呈现急性消化不良的症状，其后逐渐或迅速转为胃肠炎症状。病羊食欲减退或废绝，口腔干燥发臭，常伴有腹痛，逐渐转为剧烈的腹泻，排粪次数增多，不断排出稀软状或水样的粪便，气味腥臭或恶臭，粪中混有血液及坏死的组织片，污染臀部及后躯。后期大便失禁，食欲停止，有明显脱水现象，病羊不能站立而卧地，呈衰竭状态。随着

病情发展，病羊脉搏快而弱，严重时可引起循环和微循环障碍，肌肉震颤、痉挛而死亡。继发性胃肠炎，首先出现原发病症状，而后呈现胃肠炎症状。

2. 防治

（1）预防 不喂发霉、冰冻的饲料，饲喂要定时、定量，饮水要清洁，栏舍要干燥、通风和卫生，并定期驱虫。

（2）治疗

1）对发病初期的羊只以减食法和绝食法最为有效。轻度下痢时，给以容易消化的青干草饲料，并可喂给温热米汤。

2）治疗原则是清理胃肠，保护肠黏膜，制止胃肠内容物腐败发酵，维护心脏机能，解除中毒，预防脱水和加强护理。初期可给人工盐 20～50 克，溶于水中灌服，每天 1 次；或内服菜籽油或蓖麻油 200 毫升。

3）有腹泻者可用磺胺噻唑 1 克，鞣酸蛋白 3～5 克，乳酶生、碳酸氢钠各 5～15 克口服。

4）严重时，可用 20% 磺胺嘧啶钠注射液 10～15 毫升静脉注射；也可用小檗碱注射液 2～5 毫升肌内注射。以上药物均为每天 2 次。

5）水样粪便的病羊，用活性炭 20～40 克，鞣酸蛋白 2 克，磺胺脒 4 克，水适量，1 次灌服。

6）严重脱水的病羊，用 5% 葡萄糖生理盐水 500 毫升，内加 10% 安钠咖 2 毫升、40% 乌洛托品 5 毫升，进行静脉输液。

四、瘤胃酸中毒

过食谷类饲料或多糖饲料、酸类渣料等，或饲料突然改变导致瘤胃内异常发酵，生成大量乳酸，发生以乳酸中毒为特征的瘤胃消化机能紊乱性疾病。

1. 症状

最急性型突然发病，精神高度沉郁，呼吸短促，心跳加快，体温下降，瘤胃蠕动停止，鼓气，并有严重脱水症状。

急性型精神沉郁，食欲废绝，体温轻度升高，腹泻，排出黑褐色稀液。最急性和急性型多数在 12～24 小时内死亡。

亚急性型症状轻微，多数病羊不易早期发现，食欲时好时坏，瘤胃蠕动减弱。只要及时消除病因，预后良好。

2. 治疗

1）5% 碳酸氢钠溶液 300～500 毫升，5% 葡萄糖生理盐水 300 毫升和0.9%氯化钠溶液1000毫升静脉注射。

2）调整瘤胃内酸度。先用清水将瘤胃内容物尽量清洗排出，再投服碳酸氢钠100~200克、氧化镁200克和碳酸钙70克。若有必要，间隔1天后再投服1次。

五、有机磷中毒

误食喷洒过有机磷制剂的青草、蔬菜，或驱虫时使用有机磷药物如敌百虫，用量过多而引起中毒。常用的有机磷制剂有敌百虫、敌敌畏、1605和3911等。当有机磷制剂通过各种途径进入羊只机体，造成体内的乙酰胆碱大量蓄积，导致副交感神经高度兴奋而出现病状。

1. 症状

病羊发病突然，食欲减退，反刍停止，肠音亢进，腹泻；流涎、流泪，鼻孔和口角有大量白色或粉红色泡沫；瞳孔缩小，眼球斜视，眼结膜发绀；步态蹒跚，反复起卧，兴奋不安，甚至出现冲撞蹦跳现象；一般在发病数小时后，全身或局部肌肉痉挛，呼吸困难，心跳加快，口吐白沫，昏迷倒地，大小便失禁，常因呼吸肌的麻痹而导致窒息死亡。严重时病羊处于抑制、衰竭、昏迷和呼吸高度困难状态，如不及时抢救会死亡。

2. 防治

（1）预防 切实保管好农药，严禁用喷洒有机磷农药的田间野草喂羊。给羊驱虫或药浴时，应注意护理和观察，以防中毒。

（2）治疗

1）解毒。

① 注射阿托品10~30毫克，其中1/2量静脉注射，1/2量肌内注射。临床上以流涎、瞳孔大小情况来增减阿托品用量，黏膜发绀时暂不使用阿托品。

② 皮下注射或静脉注射解磷啶，每千克体重20~50毫克。静脉注射时溶于5%葡萄糖或生理盐水中使用，必要时12小时重复1次。

③ 中毒48小时内，多次给药，疗效较佳。

2）排毒。

① 洗胃。除敌百虫中毒外，可用2%碳酸氢钠1000~2000毫升用胃导管反复洗胃。

② 泻下排毒。用硫酸钠50~100克加水灌服。

③ 静脉注射糖盐水 500～1000 毫升，维生素 C 0.3 克。

六、亚硝酸盐中毒

羊只采食了大量富含硝酸盐的青绿饲料后，在自然条件下，硝酸盐在硝化细菌的作用下，转为亚硝酸盐而发生的中毒。各种鲜嫩青草、叶菜等，均含有较多的硝酸盐成分，若存放时发热和放置过久，致使饲料中的硝酸盐转化为亚硝酸盐。这类青料若饲喂过多，瘤胃的发酵作用本身也可使硝酸盐还原为亚硝酸盐，从而使羊只中毒。

1. 症状

羊只采食后 1～5 小时后发病，表现为呼吸高度困难，肌肉震颤，步态摆晃，倒地后全身痉挛。初期黏膜苍白，表现发抖痉挛，后肢站立不稳或呆立不动。后期黏膜发绀，皮肤青紫，呼吸促迫，出现强直性痉挛。体温正常或偏低。针刺耳尖仅渗出少量黑褐红色血滴，而且凝固不良。还可出现流涎、疝痛、腹泻、瘤胃臌气、全身痉挛等症状，倒地窒息死亡。

2. 治疗

（1）特效疗法

1）1% 亚甲蓝每千克体重 0.1 毫升，10% 葡萄糖 250 毫升，一次静脉注射。必要时 2 小时后再重复用药。

2）5% 甲苯胺蓝每千克体重 0.5 毫升，配合维生素 C 0.4 克，静脉或肌内注射。

3）先用 1% 亚甲蓝溶液，每千克体重 0.1～0.2 毫升，静脉注射抢救；再用 5% 葡萄糖生理盐水 1000 毫升，50% 葡萄糖注射液 100 毫升，10% 安钠咖 20 毫升，静脉注射。

（2）对症疗法

1）过氧化氢 10～20 毫升，以 3 倍以上生理盐水或葡萄糖水混合静脉注射。

2）10% 葡萄糖 250 毫升，维生素 C 0.4 克，25% 尼可刹米 3 毫升，静脉注射。

3）用 0.2% 高锰酸钾溶液洗胃，耳静脉放血。

七、霉饲料中毒

引起发霉饲料中毒的霉菌有甘薯黑斑病菌、霉玉米黄曲霉、霉稻草镰刀菌、霉麦芽根棒曲霉等。当羊食用了含上述某种霉菌的霉变饲料后即可引起中毒。

1. 症状

引起中毒的霉菌不同，症状表现不一，或突然发病或呈慢性经过。但病羊表现为食欲不振，精神萎靡，消化紊乱；初期便秘后转下痢，粪便带有黏液或血液，瘤胃蠕动减弱，反刍少。有的出现神经症状，呼吸困难。严重者发生死亡。

霉饲料中毒的诊断要借助于对饲料品质的调查，必要时请有关部门化验后做出诊断并制订防治方案。

2. 治疗

1）霉饲料中毒无特效药，治疗中采取保守疗法，以促进自身恢复。首先去除中毒源，调换新鲜、洁净饲料，防止霉饲料进一步摄入。

2）用50%葡萄糖500毫升，生理盐水1000～2000毫升，另加维生素C 30毫升静脉注射，每天2次，连用数天。

八、尿素中毒

羊喂过量的尿素，或尿素与饲料混合不均匀，或喂尿素后立即饮水，都会引起中毒，饮大量的人尿也会引起中毒。

1. 症状

中毒开始时，可见鼻、唇挛缩，表现不安、呻吟、磨牙、口流泡沫性口水，反刍和肠蠕动停止，瘤胃急性臌胀，肠管蠕动和心音亢进，脉搏急速，呼吸困难。很快不能站立，同时全身痉挛和呈角弓反张姿势。严重者可见呼吸极度困难，站立不稳、倒地，全身肌肉痉挛，眼球震颤，瞳孔放大，常因窒息死亡。

2. 防治

（1）预防 按规定剂量和方法饲喂尿素，喂后不能立即饮水，防止羊偷吃尿素及饮过量人尿，尿素同其他饲料的配合比例及用量要适当，而且必须搅拌均匀；严禁将尿素溶在水中给羊饮用。

（2）治疗

1）病羊早期灌服1%醋酸溶液250～300毫升或食醋0.25千克。若加入50～100克食糖，效果更佳。

2）硫代硫酸钠3～5毫克，溶于100毫升5%葡萄糖生理盐水静脉注射。

3）静脉注射10%葡萄糖酸钙50～100毫升和10%的葡萄糖溶液

500 毫升，同时灌服食醋 0.25 千克，效果良好。

九、难产

临产母羊不能正常顺利地产羔叫难产。

1. 病因

引起难产的因素颇多，但多见于以下情况：分娩母羊产道狭窄；胎儿过大或胎位不正；母羊因营养不良或患病；健康状况极差等。

2. 症状

一般表现为母羊分娩开始后虽有阵缩和腹压，羊水外流，但胎儿就是产不出来。母羊痛苦至极，用力努责，鸣叫不已，常回顾腹部，起卧不宁。后期母羊表现极度衰弱，努责无力，卧地不起，遇此情景，羔羊大多窒息而死。

3. 防治

（1）预防

1）后备母羊不到配种年龄不能过早配种。

2）避免近亲交配，杜绝畸形胎儿的出现。

3）加强妊娠后期母羊的饲养管理，保持母羊适度膘情，除此之外还需要适当运动。

4）配种前必须对母羊生殖器官进行检查，发现有严重生理缺陷的母羊应及时淘汰，不予配种。

（2）治疗　若母羊阵缩微弱，努责无力，可在皮下注射垂体后叶素注射液 2～3 毫升（每毫升10 单位）；母羊身体衰弱时可肌内注射 10% 安钠咖 2～4 毫升，或 20% 樟脑油剂 3～8 毫升。

母羊产道狭窄，胎儿过大或畸形时，可先向产道内灌注适量菜籽油或液状石蜡等润滑剂，然后在母羊努责时趁势把胎儿拉出。切忌强拉硬拽，以免伤及胎儿和母羊内外生殖器官。

胎位不正时，如胎儿头部或四肢弯曲不能产出时，可将胎儿先推回子宫腔，耐心地加以矫正（胎儿肢体柔软很容易矫正），矫正后随着母羊努责的节奏将胎儿拉出体外。

遇到一胎多羔的母羊难产时，常出现先出来的羔羊其后腿夹住第二只羔羊的头部，当摸到第一只时感到胎位和躯体很正常，但就是拉不动。遇到这种情况时，将手经消毒或戴乳胶手套，从羔羊腹部摸进去，推回第二只羔羊，然后才能依次顺利产出。有时也出现另外一种情况，即一只羔羊的头部与另外一只羔羊臀部一起出来。这时要把露出臀部的羔羊推回去，再随着母羊努责节奏，将露出头部的羔羊拉出来。

十、胎衣不下

胎衣也叫胎膜，主要包括羊膜、绒毛膜、尿膜和卵黄囊等4部分。母羊分娩后不能在正常时间内（羊一般为5～6小时）顺利排出胎衣，就叫胎衣不下。

1. 病因

胎衣不下的原因颇多，常见的有2种情况：①由于母羊体质差，子宫收缩无力。②胎盘发生病变粘连，羊膜、尿膜和脐带的一部分形成索状由阴门垂下，但脉络膜仍留在子宫内。

2. 症状

病羊精神不安，常有努责和哀鸣。若时间拖久则胎膜受细菌感染而腐败，阴道流出褐色恶臭的液体，病羊体温上升，食欲不振，吃草明显减少。

3. 治疗

母羊子宫收缩乏力，可皮下注射垂体后叶素注射液2～3毫升，或麦角碱注射液0.8～1毫升，一般情况下均能顺利排出。

如果胎膜粘连，甚至腐败，可先采用5%～10%生理盐水500～1000毫升注入子宫与胎膜之间，以促进子宫收缩并加速子宫与胎膜的剥离。待胎衣排出后，为防止腐败引起的并发症，再用2%来苏儿稀释液或0.1%高锰酸钾溶液冲洗子宫腔，同时肌内注射青霉素20万～40万国际单位。

胎衣不下初期，可用红糖250克，黄酒100毫升，加水500毫升灌服；或用2根紫皮甘蔗，捣碎煎汁加红糖250克灌服。此方法简单易行，也可获得一定的效果。

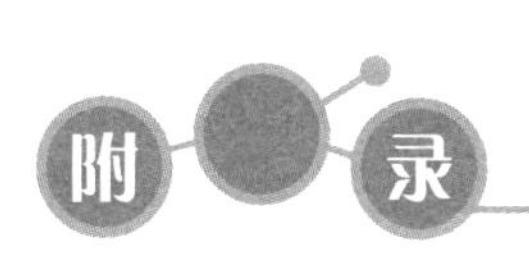

常见计量单位名称与符号对照表

量的名称	单位名称	单位符号
长度	千米	km
	米	m
	厘米	cm
	毫米	mm
面积	公顷	ha
	平方千米（平方公里）	km^2
	平方米	m^2
体积	立方米	m^3
	升	L
	毫升	ml
质量	吨	t
	千克（公斤）	kg
	克	g
	毫克	mg
物质的量	摩尔	mol
时间	小时	h
	分	min
	秒	s
温度	摄氏度	℃
平面角	度	(°)
能量，热量	兆焦	MJ
	千焦	kJ
	焦［耳］	J
功率	瓦［特］	W
	千瓦［特］	kW
电压	伏［特］	V
压力，压强	帕［斯卡］	Pa
电流	安［培］	A

参 考 文 献

[1] 赵有璋. 肉羊高效益生产技术［M］. 北京：中国农业出版社，1998.
[2] 赵有璋. 现代中国养羊［M］. 北京：金盾出版社，2005.
[3] 姜勋平，丁家桐，杨利国. 肉羊繁育新技术［M］. 北京：中国农业科学技术出版社，1999.
[4] 毛杨毅. 农户舍饲养羊配套技术［M］. 北京：金盾出版社，2002.
[5] 刘小莉，雷建平. 肉羊饲养与管理技术［M］. 兰州：甘肃科学技术出版社，2005.
[6] 施泽荣，布和. 优良肉羊快速饲养法［M］. 北京：中国林业出版社，2003.
[7] 钟声，林继煌. 肉羊生产大全［M］. 南京：江苏科学技术出版社，2002.
[8] 卢中华，张卫宪，袁逢新. 实用养羊与羊病防治技术［M］. 北京：中国农业科学技术出版社，2004.
[9] 周元军. 秸秆饲料加工与应用技术图说［M］. 郑州：河南科学技术出版社，2003.
[10] 薛慧文，等. 肉羊无公害高效养殖［M］. 北京：金盾出版社，2003.
[11] 尹长安，孔学民，陈卫民. 肉羊无公害饲养综合技术［M］. 北京：中国农业出版社，2003.
[12] 王学君. 羊人工授精技术［M］. 郑州：河南科学技术出版社，2003.
[13] 刘大林. 优质牧草高效生产技术手册［M］. 上海：上海科学技术出版社，2004.
[14] 刘洪云，张苏华，丁卫星. 肉羊科学饲养诀窍［M］. 上海：上海科学技术文献出版社，2004.
[15] 张瑛，汤天彬，王庆普，等. 我国肉羊业生产现状与发展战略［J］. 中国草食动物，2005（3）：46-47.
[16] 孙凤莉. 羔羊早期断奶研究进展［J］. 饲料工业，2003（6）：50-51.
[17] 王锐，何永涛，赵凤立. 国内外肉羊的生产现状及研究进展［J］. 当代畜禽养殖业，2005（4）：1-3.
[18] 丁伯良，等. 羊病诊断与防治图谱［M］. 北京：中国农业出版社，2004.
[19] 邢福珊，魏宏升. 圈养肉羊［M］. 赤峰：内蒙古科学技术出版社，2004.
[20] 田树军. 羊的营养与饲料配制［M］. 北京：中国农业大学出版社，2003.
[21] 李建国，田树军. 肉羊标准化生产技术［M］. 北京：中国农业大学出版社，2003.

[22] 张居农. 高效养羊综合配套新技术 [M]. 北京：中国农业出版社，2001.
[23] 岳文斌. 现代养羊 [M]. 北京：中国农业出版社，2000.
[24] 吉进卿，胡永献. 养小尾寒羊 [M]. 郑州：中原农民出版社，2008.
[25] 姜勋平，熊家军，张庆德. 羊高效养殖关键技术精解 [M]. 北京：化学工业出版社，2010.
[26] 施六林. 高效养羊关键技术指导 [M]. 合肥：安徽科学技术出版社，2008.

索　引

视频：精饲料加工 页码：第 53 页	视频：利用青饲料制作TMR饲料并饲喂 页码：第 65 页	视频：利用青贮饲料制作TMR饲料并饲喂 页码：第 65 页
视频：制作羊打包青贮饲料 页码：第 73 页	视频：机械化收割玉米秸 页码：第 75 页	视频：羊人工采精 页码：第 87 页
视频：羊人工授精 页码：第 92 页	视频：羊子宫角输精 页码：第 92 页	视频：妊娠检查（B 超） 页码：第 95 页
视频：羊移动药浴池药浴 页码：第 106 页	视频：楼式羊舍室内情景 页码：第 124 页	视频：羊场巡查及对病羊的处理 页码：第 156 页

注：书中视频建议读者在 Wi-Fi 环境下观看。